高校生記者が見た、原発・ジェンダー・ゆとり教育

灘校新聞委員会 著

現代人文社

CONTENTS

第1部

高校生記者が見た、原発・ジェンダー・ゆとり教育

第1部は灘校新聞委員会に所属する高校生記者3人が、それぞれテーマを決めて取材し、執筆したものです。取材開始から執筆まで、全てを高校生の手で行いました。各テーマについて、たくさんの方にご協力を頂き、インタビュー取材を重ねた上で執筆しておりますが、文責は全て各章の執筆者(高校生記者)にあります。

第1章

「原発問題」と「民主主義」

なぜ起きたのか、これからどうするか

比護遥

はじめに

1 なぜ原発問題と民主主義か

２０１１年3月11日。想像を絶する規模の地震と津波、そして原発事故。あれから3年以上たった今でも、事故の終わりは到底見通すことができていません。福島県の避難者数は約16万人に上り、そのうち約6万人は県外に出ています（２０１２年現在。福島民報ホームページによる）。津波の瓦礫を取り除くことができたとしても、放射線に汚染された大地は容易には元に戻りません。

原発を存続させていくかどうかには、確かに賛否があります。しかし、福島における原発事故の悲惨さを否定できる人は誰もいないでしょう。日本の歴史における最大の公害だったことは間違いありません。この原発問題については今後もずっと向き合っていかなければならない、という思いを強くしています。

しかし、この問題を考えていくと、もう少し大きな問題、あるいは疑問にも突き当たりました——民主主義とは何か。民主主義、とまでいうとなんだか大げさで小っ恥ずかしいような気もします。むしろ僕が感じた疑問というのは、もっと単純で素朴なところ、政治というのは、政策というのはどうやって決められてきたのだろう、どう決めていかなければならないのだろう、ということです。つまり、なんで僕たちはこんな危険な原発を許してきてしまったのだろう、「原子力ムラ」が悪いという話も聞くけれどもそんな単純な話にも思えない。僕たちが選んだわけでもないのにいつの間にかこんなことになってしまったのなら、それも問題だし、選んできた道がこれだというならば、それも問題。こんなことでいいのかな、ではどうしていったらいいのかなというのが、僕が何とはなしに感じていた疑問でした。そこで、ここでは慣れない言葉だけれども、とりあえず「民主主義」という言葉を使ってみたわけです。

思えば「民主主義」という、難しいけれどもこんなにも基本的で、当たり前すぎて、しかし深遠な言葉をこれほど目にしたことは今までありませんでした。毎週金曜日に行われている脱原発のデモは徐々に参加者を増やしていき、そして、直接に声を聞いてくれと官邸に向かって叫びました。原発について国民投票をしようという動きが盛り上がりました。その一方で、一昨年の総選挙でも、昨年の参院選でも、結局原発が主要な論点になることはありませんでした。民意というものが不透明になるなか、本当にこのままでいいのか、という大きな疑問はいろいろなところで問われるようになっています。

民主主義をどうするか、といった大きな問いを立てたけれども、学者や政治家だけが考えればいい話だとは思えません。むしろ、どんな形であっても、自分たちが目をそむけずに正面から向き合っていかなければならない問題であるということは少なくとも言えるように思うのです。

2 高校生が考えるべき民主主義

まだ、高校生だから考えなくていいなどとも思っていません。むしろ逆。僕たちが高校生だからこそ、この問題について考えなければいけないのだと思っています。今まで原発を受け入れてきたのは僕たち——あるいは、そこにまで責任が持てないというならば、少なくともこう言うことはできます。「原発のこれからのことに関しては僕たちの世代に責任がある」と。僕たちの世代がこれから大人になるなかで、あるいはこれから将来世代が出てくるなかで、原発についての政策を左右できるのは今しかないし、この事故をリアルタイムで見ている僕たちが声を上げていかなければならないと考えるようになりました。これから原発を運転するようになるのも、万一再び事故が起きたときに被害を受けることになるのも、放射性廃棄物の処理を考えなければいけないのも、僕たちの世代です。

こういう風に思うようになったきっかけがありました。一昨年の夏、僕は友人と「ＴＨＩＮＫ ＮＵＫＥ」というサイトを立ち上げました。高校生が原発についての意見を動画にして投稿する。原発についての賛否は問わない。ただ思いを形にしてもらい、それをランダムに表示する。立ち上げるにあたって、ひとつは、原発について何か動かなければいけない、という漠然とした思いがありました。一時的に原発の稼働がゼロとなり、その一方で再稼働に向けた動きが着々と進んでいて、原発存続の道も廃止の道も、両方現実感を持って見ることができた時期でした。まずは動かなければと思っていました。そしてもうひとつは——これは運用を始めながら徐々に後から思い始めたことではあるのですが——原発についての意思決定を考えたいという意図がありました。エネルギー政策は難しいから官僚にお任せ、という「民主主義」は失敗したと言われます。では、国民投票が正解なのか。それは分からない。でも、少なくとも、声を上げて意見を交換し合うことは必要なのだろうと考えました。まず、考えてみることからしか始まりません。

答えがすぐに出るとは思っていません。取材を終えた現在、むしろ考えはまとまらなくなっている、というのが正直な感想です。それでも少なくとも、いつのまにか知らないところで何かが決まり、そしてまたそれは失敗だったと後悔を繰り返すことだけは避けたい、という思いはあります。そんな思いで、この章では原発問題を通じて見える民主主義という、少し大きな問題について取り上げてみたいと思います。

福島から考える

震災から2年たった夏。東北新幹線やまびこ号に乗り福島駅へ向かいました。東口から降りるともう、とりたてて福島だと気づくようなものはありません。わらじ祭りが開かれたその日は多くの人が町を行き交っていました。

そうして、そのなかに何気なく置いてあった「除染作業中」の看板。駅前にある０・２１６毎時マイクロシーベルトと示すモニタリングポスト。「震災のときは」「震災何年目」という言葉が話のなかでさりげなく出て来ることが来訪者をびくりとさせます。「日常の中の非日常」

がそこにはありました。

県立福島高校で教員を務める松村茂郎さんの家に泊めて頂いて話を聞きました。家族5人で今は郡山市に暮らしています。

茂郎さんは震災当時、相馬高校にいて授業中。生徒を避難所に連れて行き、そこに泊まっていました。自宅は浪江。原発から10キロメートル圏内でした。12日の朝、町から明確な説明もないままに北西方向の福島市方面への避難指示が出され、茂郎さん以外の松村さん一家は目についたものだけをかばんに詰め込み、浪江の山間部の赤宇木（あこうぎ）地区にある親戚の家に避難しました。そこは原発から北西方向にあり、風向きから線量が非常に高いということを知ったのは後のことです。14日に3号機が爆発し、再度の避難を余儀なくされ郡山市に移動しました。郡山市に入るときに最初にスクリーニングを受けました。当時は、スクリーニングを受けたという証明がないと避難者はホテルにも入れなかったのです。そのスクリーニングの際、茂郎さんのズボンの裾から非常に高い線量が検出され驚かれたと言います。避難先で親戚のお墓が心配になって見に行ったときに、草むらに入って放射性物質が付着したのでした。

そこから、しばらく転々として、勤務地や学校の都合によって家族はバラバラになります。今年に入り、ようやく郡山に居を構えました。長男の賢佑さんは除染作業の監督、二男の遼佑さんは福島大学に通っています。

茂郎さんは子供の頃から浪江にいます。中学生の頃はよく自転車で原発へ。冷水器の水を飲み、クーラーのよくかかった部屋で涼みながら、原発の映画を見るのが数少ない娯楽。そんな環境のなかで育ちました。「『安全神話』を信じていた側だから。今は完全に反対ですけどね。人間が制御できない」。そう話します。

遼佑さんの同級生でも十数人が東電に就職。地元の高校では、東電への就職は国公立大学合格に相当するといった意識があり、優秀な生徒たちが高卒で東電に就職していきました。「(原発は)必要だったのかなとは思っている」と遼佑さんは言います。事故が起きてしまった後だから、なければよかったとは言える。でもそれは、結局は結果論にすぎなくて、もしも事故がなかったとしたら、当然あったほうがいいだろうとは思うだろう。危険だということは聞いていたけど、リアリティが湧く話ではありませんでした。「危機管理意識が足りなかった、とか言われればそうなんだけど」

遼佑さんの同級生で原発付近の警備をやっている人もいます。放射能は大丈夫か、と聞くと「そんなこと気にしてるの?」と一笑に付されたと言います。いいバイトだと思っているのか、あるいは「軽口をたたかないとやっていけないのかもしれない」。

賢佑さんは土木会社に就職しましたが、県内の会社は皆除染作業に追われていると言います。

表土を削って他から持ってきた土を入れるのですが、削った表土は地面を1・5m掘って埋めるか、ドラム缶に入れてコンクリートで遮蔽するかしかありません。中間貯蔵施設がまだないためですが、候補地を探しても反対運動にあうし、まして県外に設置できるとは思えません。そうすると、設置ができるのは、「人の住めないところ」、すなわち、原発の周辺、松村さん一家の故郷ということになります。でも、戻ってまた住みたいと思っている人はいます。何十年もそこにいて、外に出たことがなかったという人も多くいます。そういう気持ちだって理解はできる、と賢佑さんは言います。

住宅1軒あたりおよそ3、4日。そうした家が郡山市だけでも、何千軒も連なっています。終わりはまだ、見えません。「前向きになるしかやっていけないんだよ。（こうした住宅地の除染は）世界で初めてのことだから。もし今度どこかで起きたら貢献ができるんだ。起きないのが一番いい。無くなるのが一番いい。でも、それは難しい」

時折、浪江の自宅に一時帰宅します。津波の被害もなかったため、家はそのままにあります。線量計が指し示す高い放射線量は、見ることも感じることもできません。ただ、2年たった今は既に草がぼうぼうと生い茂っています。近くの家にはネズミや、野生動物が住み着いてしまったところも多いと言います。

「自分たちは恵まれている。家もあって、温かいものも冷たいものも何でも手に入る。何ひとつ不自由していない」。仮設住宅に住む人たちのことも思いやりながら、遼佑さんはこう話します。東電に入社した同級生は今も原発にいます。親が「頼むから帰ってきて」と電話をしても、「俺が残らなかったら、どうにもならないんだ」と命を張って原発に向かっていると言います。

こうした現実の重みは、なぜ起きてしまったのか、などという問いをも無意味にしてしまうようにさえも思います。しかし、あえて問い続けるならば、なぜこんなにも大きな事故が起きてしまったのか。いったい誰が決めたのか。そう問うてみたいと思います。

水俣の失敗は繰り返されたか？

1 水俣の教訓

時間をさらに戻します。この節では、水俣について取り上げます。なぜ原発問題についての記事で水俣について書くのか？　それは今回の原発問題と水俣病に多くの共通点があるように感じたからです。非常に広域に影響を及ぼした巨大な公害事件で、長期にわたる健康被害をもたらしました。海と食べ物を汚染しました。行政の対応は全て後手に回りました。事故後のことだけではありません。国全体の方針のなかで、過疎地域に危険施設が作られてしまったという構図がそっくりでした。高度経済成長で国全体が工業を中心に発展していくなか、巨大な化学工場で水銀が垂れ流しにされました。工場がもたらす経済効果を期待して、地元は工場を歓迎しました。「原発マネー」に依存させながら、消費地から遠く離れた地方部に原発を建設していった構図と重なるところがあるように思えました。

あえて言うならば、「水俣病」は繰り返されたということです。原発事故は想定外だったと言います。だけど少なくとも、その構図は繰り返されたものだったように思うのです。「水俣の教訓」は生かされなかったのか。そもそも「水俣の教訓」とは何か。それが分かればこの問題について考える大きなヒントになるのではないか。そう考えて、水俣に足を運びました。

直接現地の空気を感じて、考えさせられることは多くありました。水俣の町は一見して小さな地方都市の風情ですが、水俣病が残したものといろいろな形で共存しています。それが3日間の短い旅のなかでもよく分かりました。

肥薩おれんじ鉄道の水俣駅を降りると、水俣病の原因企業であるチッソが改称したＪＮＣの工場の門が目の前に見えました。中心部にある大きな二つのショッピングセンターはチッソの購買部を前身としています。企業と町は今も分かちがたくあり、問題は単純ではありません。水銀を含んだ排水を垂れ流した排水口は今も残り、水俣病関連の施設も市内に多くあります。水銀へドロを鉄板で区切った人工護岸では、地元の人たちが釣り糸を垂れていました。青い海と美しい島々の景色を汚染した水俣病。水俣病から学んだものは何だったのか。

2 福島で生かされなかった水俣の教訓

水俣学研究センター長であり、熊本学園大学教授の花田昌宣さん。「水俣学」とは、幅広い論点にわたる水俣病について、現場の視点から考えていく学問です。水俣病を、ただ水銀が海に流された事件とだけとらえるのではなく、むしろ社会全体にかかわることとして考えなければいけないとの意識があります。その花田さんに、福島の事故に生かせる水俣の教訓はあるか、と問うと次のように答えました。

「水俣の歴史というのは、失敗の歴史であって、水俣の教訓を原発に生かしましょうと言われてね、水俣の問題が解決していないのに生かすこともないですよと。ただこういうことをしたら間違えますよということは言える」。確かに「水俣病」は終わっていない。それは水俣に滞在しているなかで多くの人から度々伝えられたことでした。終わったとすることによって忘れようとする、思考停止しようとする、そこも変わっていません。僕自身もこの問いに何度も突き

花田昌宣（はなだ・まさのり）
熊本学園大学社会福祉学部福祉環境学科教授。専門分野は、社会政策、労働経済学。主な編著書に、『水俣学講義・第4集』（原田正純との共編著。日本評論社・2008年刊）などがある。

当たりました。「民主主義」などという大きな問いを立てることで、現在進行中である水俣病の問題から、あるいは福島のことからも、目を背けようとしていたのではないか。そう言われれば、否定しきることは出来ません。

しかしながら、それでも水俣病では何を失敗したのか。そう問いを重ねてみます。

「まず共通点、最初に考えておかないといけないのは、原発というのは天災でも災害でも想定外でもなくて、起きることがある程度想定された人災なんですね。地震、津波が起こると言うけれど、あそこまで大規模なものとまでは確かに分からなくても、起きることは分かっていて、それに耐えるような原発ではなかったということで昔から警告していた人もたくさんいたわけですね」

危険だと指摘する人は多くいました。それでも結局原発は作られてしまいました。それは水俣病のときと重なっています。

「この種のやつは安全性１００パーセントというのはありえないんですね。そのリスクを最小限にするという発想なんですけども、そのリスク計算なんて実はできないんです。今回の原発事故で分かるように、起きてしまったら取り返しがつかないんですよ。ところが、リスク計算して、経済の効率と比較して、コストとベネフィットみたいな発想をした瞬間に原発事故というのは見えなくなっていく。水俣も人災ですからね。工業プラントがなければ起こらなかったのに、それで水俣病が引き起こされたわけです。企業も最初は自分たちが原因だと分からなかったのですが、分かった後もそれをずっと隠し続けてきたんです。工場で作ったものと分かっていたけど、ずっと隠し続けていた、ずっと責任を免れようとしていたわけです。本来的に言えば、原発事故も水俣病も防ごうと思えば防げたもの。原発に関して言えば作らなければよかったんですから。ようするに、科学技術で制御はできない。『１００パーセント安全』だなんて、誰も言ってないんですよ。それは原子力ムラの専門家も『１００パーセント安全』とは誰も言わなかったんです」

ここでもやはり水俣病の「教訓」が生かされることはありませんでした。

「水俣学の視点からと言うと、教訓というのは水俣病が起きてしまった、そのあと被害が拡大した、補償が進まなかった、発生・拡大・補償救済、この三つをずっと失敗し続けた歴史なんですよね。だから私たちの視点から言うと、水俣病でどういう失敗をしたか、その失敗を今後に生かしていこうというのが我々の発想なんです。水俣病の場合はこんなにうまくいきました、被害者救済こんなにうまく進みました、というのは教訓でもなんでもない。その視点から福島原発事故を見たときに、何が失敗だったか。起きてしまったのは最大の失敗なんですけどね。水俣病の場合は有機水銀が有害であると分かっているのに流してしまった。原発の場合は事故が起きる、安全なものではないというのは政府も東電も分かっていた」

それではなぜ安全でないと分かっていたものを作ってしまったのか。ここで問題は複雑なものとなります。

「水俣病って東京で起きてないんですよ。大阪でも起きてない。鹿児島との小さな県境の村で起きた。原発立地も同様ですよね。福島原発の立地は、来る前は貧しい寒村だった、そういうところですよね。そこに何十億というお金を地元に落としていくことによって、いわば原田正純さん（筆者注：医師。「水俣学」を提唱した）が言ったように、差別があったところにこういう事故が起こる」

「国全体としては原子力推進の理由はあるのですが、なぜあの村に作られたかと言えば、やはり過疎地を逆手にとって、札びらでほっぺた叩いて原発を作った。広瀬隆さんは『東京に原発を』と言ったけど、そんな危ないものを東京に作るはずないんですよ。そこまで安全だったら東京湾に作りなさいというのは筋としては通っている。関西でも敦賀のほうにあるけれど、とても貧しいところですよ。関西の感覚から言うと、今は言わないけど、『裏日本』。貧しさの象徴みたいなところだったんだよね」

この構図は水俣病とも共通しています。「水俣病の場合も同様ですよね。人口1万の村、明治時代としては比較的大きかったんですけれども、それでも仕事のないところ。もともと水俣というのは林業と製塩の村でした。主要な産業もなかったところに会社を誘致するわけですよ。それで公害が起こって。東京電力本社は東京にあるけど、チッソの本社も東京なんですよ。東京からしたら、福島にしたって水俣にしたって、遠いんですよ。見えないんですよ。電力会社の本社が原発立地のところだったらこんなことにはなってなかったでしょうね。だから人の命をお金に変えてしまえば何百億かけても安かったというのが原発」

同時期に東京湾で起きた江戸川製紙の公害事件では政府はすぐに対応をしたと言います。水俣病の最初の患者が報告されたのが1956年、政府が公害病の存在を認めたのは1968年になってからでした。

東京から遠く離れた人に危険を押し付け、命を軽く見ていたというのがこの指摘です。水俣病の患者家族である川本愛一郎さんはさらに鋭い言葉でこう語ります。「国策に優先されて、国の都合に優先されて捨て石に近い形になったのは、福島も、そして沖縄も水俣も皆同じだと思いました。捨て石というのは一番下に置かれる石。土台の石の石ころ。誰も問題にしないよ

川本愛一郎
（かわもと・あいいちろう）
水俣病患者、水俣病資料館語り部。作業療法士・言語聴覚士として介護施設を経営する。父はチッソ水俣病患者連盟委員長の川本輝夫さん。

うなもの。でもそれは生きている捨て石だった。でも（国にとっては）生きていなかったのでしょう」

川本愛一郎さんの父、川本輝夫さんは水俣病訴訟の先頭に立って「闘い」を続けた人でした。愛一郎さんにも最近水俣病の症状が出てき始めています。その穏やかな外見、語り口とは裏腹に、言葉はとても厳しいです。「国と東京電力を見て、一緒だな、と思いました。主犯と共犯がいて、だれも責任を取らない。そしてもう終わったであるとか、問題ないとか言う。そこが一番似ている。『水俣病は終わった』と何回も言われました。言葉の問題だけれど、１００回言えば本当になってしまう。『救済』というのもそう。生きている一人ひとりの人生に幸せがあるはずなのに、奪われてしまっている」

高度経済成長の直中、国全体が工業化を進めていくなかで地方の患者の声というのは無視され続けてきました。

原発も結果的には周辺の住民を危険にさらすことになったし、あるいは作業員の被ばくの上に成り立っていることを考えれば、これはやはり原発問題とも重なるところはあります。そして、もしそうなのだとすれば、なぜ繰り返してしまったのかという問いを立てなくてはなりません。

「犠牲のシステム」という構造

1 弱者と強者のシステム

こうして国の政策によって、もっと言えば都会に住む大多数の人によって地方に負担が押し付けられていく構図について、東京大学大学院教授の高橋哲哉さんは「犠牲のシステム」というものがあると指摘しています。「犠牲のシステムっていうのは原発だけに限らないわけですね。やはり国家のシステムとして、国のシステムの問題として、国が国民の犠牲を要求したりね、あるいは必要としたりする場合があるなというのを感じてきたわけです」

高橋さんの指摘する「犠牲のシステム」というのは「ある人の犠牲の上に別の人が利益を得ている」構造のことです。原発事故後、『犠牲のシステム　福島・沖縄』(集英社新書、2012年刊)という本を出版しています。沖縄の米軍基地と原発に共通している構図です。

高橋哲哉（たかはし・てつや）
東京大学大学院総合文化研究科教授。専門分野は哲学。主な著書に、『犠牲のシステム　福島・沖縄』（集英社新書・2012年刊）、『国家と犠牲』（NHKブックス・2005年刊）などがある。

具体的には原発には、過酷事故、被曝労働者、ウラン採掘に伴う問題、放射性廃棄物という4つの犠牲があると言います。

「戦前・戦中の日本ははっきりとそうだったわけだし、国は公然とそれを正当化していたわけですよね。国民は国のために犠牲になるのは当然である。戦後はそれを公然と正当化できなくなったわけだけれど、しかし沖縄という極めて弱いものに、（犠牲が）押し付けられてきた。しかも沖縄にはその代わり、経済振興、経済支援をしますよ、ということで、たくさんお金がつぎ込まれてきたということがあった。そして、ちょうどそこでは沖縄が払っているコストと沖縄が得ているベネフィットが調和しているんだ、そういうような理屈を持って、犠牲じゃないという見かけを作ってきたわけです」

　見かけの上では「犠牲」はないとされるようになっても、実際には存在する。こうした「犠牲のシステム」は、倫理的に、人間として、正当化してはいけないと高橋さんは主張します。それではそのような「犠牲のシステム」が繰り返されてしまったのはなぜか。高橋さんはこう話します。「国家のシステムとして考えてみれば、国策、つまり国家の基本的な政策として進めることについては、国民が一定の犠牲を払って当然であるとか、払わないほうがいいんだけどやむを得ずそういう犠牲が出てしまうとか、いずれにしても国家はその繁栄のために、あるいは存続のために、一定の犠牲を必要とするんだ、そういう考え方がある限りは世の中として繰り返されていくんだと思うんですね。他人の犠牲の上に大きな利益を得られる人がいて、その利益を得るほうが権力を持っていたり、財力を持っていたり、非常に強力な力を持っている場合には、やはり弱者の側はどうしても犠牲にされてしまう。人間の歴史をさかのぼればさかのぼるほど、そういうシステムが当たり前だとされていたと言っていいと思いますね」

2 対立構造だけでは語れない。

地方が犠牲になり、都市が利益を得ている、という単純な構図だけで捉えられるわけでは、もちろんありません。慶應義塾大学教授の小熊英二さんは、新書大賞にも選ばれた著書、『社会を変えるには』(講談社現代新書、２０１２年刊)で「リスク社会」という考え方を紹介して

小熊英二（おぐま・えいじ）
慶應義塾大学総合政策学部教授。専門分野は歴史社会学。主な著書に、『社会を変えるには』（講談社現代新書・2012年刊）、『〈民主〉と〈愛国〉——戦後日本のナショナリズムと公共性』（新曜社・2002年刊）などがある。

います。現代社会で安定性が失われ、不安感が増し、未来が見通せないなか、階級という概念が意味を持たなくなってきている。放射能の広がりについてもしかり、将来を見通せないリスク感の増大には貧富の差も何も関係がない。そういった考え方です。

「だいたい、ある意味、物事を抽象的に考える人というのはそういう考え方をするわけですよね。でも地方と言っても県庁所在地に半分くらいの人口が集まっていることが多いんですよ。『地方』というのは、『都市』に対立する概念でしかない。社会の実態を抽象化して、『都市と地方』という対立構造でものを語る。本当のところは、東京でデモなんてやっている人は豊かなわけでも必ずしもないし、批判する地方の人より貧しいかもしれない。東京は地方を搾取しているとか言うけれど、東京は税金を吸い上げられるばかりで地方は公共事業をやってもらっているじゃないか、という言い方をする人もいる。これはどちらが正しいとか間違っているとかいう話ではなくて、『都市と地方』という擬似的な対立でものを語るところから発している。そういう語り方は、やっていてもしょうがないと私は思っています」

自分をエリートだと捉えて地方を「かわいそう」と思うような視点にも、地方の人が東京から搾取されていると主張する視点にも小熊さんは批判の目を向けています。「私が『対話』という場合は、お互い変わっていきましょう、関係を変えていきましょう、という話です。どちらか片方が全面的に正しくて、どちらかが全面的にまちがっている、ということはありえない。今の日本に多い話というのは、自分は変わりたくないけど相手に変わって欲しい、という議論ですよね。政府に変わって欲しいとか、政治家に変わって欲しいとか、東京に変わって欲しいとか、地方に変わって欲しいとか、若者に変わって欲しいとか、年長者に変わって欲しいとか。そうじゃなければその逆で、東京が悪いんだとか、我々は被害者だとか。その類の議論がすごく多いからね。権力というのは関係だから、半分は従う側が作っているんですよ。東京だけが変わればいいってものじゃない。お互いに変わらないと、関係は変わらない」

「搾取」と言われるような構造も、結局は一体となって作ってきたもので、それに頼って甘え合ってきたわけだし、原発立地自治体だって、危険かもしれないのは分かりつつ結局サインをしてしまった。そういう指摘です。髙橋哲哉さんも、福島の人々は、一方的な被害者ではなく、原発誘致等の責任を負っているし、東京の人々も一方的な加害者ではなく、事故の被害者にもなったことは否定できないと言っていました。

確かに、この福島の問題にせよ、他の問題にせよ、加害者と被害者に単純に分けられるようなものでは決してありません。福島で事故前まで原発の存在によって町の経済が保たれていたことは否定のしようのない事実だし、水俣でもチッソの関連の大きなショッピングセンターが建ち、中心部にある工場は漁業と製塩以外に産業の無かった小さな町に繁栄を与えてきたのでした。松村茂郎さんの周りでも多くの人が東電にあこがれて入社し、あるいは関連企業に就職しているという話や、ほとんどの住民がチッソ関連の職につくなかで水俣病と終生闘った川本輝夫さんが、まわりから白眼視され嫌がらせを度々受けたという話も思い出されるところです。

3 それでも非対照的だった。

しかしこれに対して、東京も福島も含めた全体として原発を受け入れたという側面と同時に、非対称な構造があったという側面もやはり見なければいけないと話すのは、法政大学教授の杉田敦さんです。「一方的に、完全に一方的に押し付けたというのも嘘なんだけれども、自分から誘致しただけだというのも嘘なんですよね。その中間に答えはあるわけで。押し付けた面と

杉田敦（すぎた・あつし）
法政大学法学部教授。専門分野は、政治理論。主な著書に、『政治的思考』（岩波新書・2013年刊）、『デモクラシーの論じ方——論争の政治』（ちくま新書・2001年刊）などがある。

誘致した面と両面あるわけです。それをどっちかのあたりに回収するとやっぱり嘘になる」。そう話します。
「僕はやっぱり、二つのことを同時に見るべきだと思う。一方において、特に大きなリスクを、福島とかに負わせているという非対称的な構造はあるんですよ。これはその後もいろんな形で、再生産されている。例えば、福島の野菜やお米は検査でセシウムがなくても食べないという人々がいることをどう見るか。福島からはどう見えるか。それまでは福島とかでお米とか野菜を作らせてきていて、いざとなれば買わないで済ませるということが、お金を持っている都市住民にはできちゃうわけですよ。お金を持たないところは、そういう依存構造にずっと巻き込まれていくわけで。そういう構造は否定できない。ただ、同時に、福島と東京を含め全体としてこの問題を作り出してきたという側面も見るべきだ。つまり、一種の共犯性もあるということです。つまり全体の問題であると同時に個別的な問題でもある。そのどっちかが本当でどっちが嘘だという話にはならないでしょう」

原発立地のどの地域でも激しい反対運動がありました。その反対と推進の意見がぎりぎりのラインで拮抗した結果として、推進となった。そこからも単純に両方が合意して進めたと語れる話ではないと言います。

「民主主義」を問い直す

1 犠牲のシステムを正当化する民主主義

それではそうした非対称な構造があるとして、どうやって是正していくことができるのか。それが次の問いです。高橋哲哉さんは民主主義に危うさがある、民主主義がむしろ「犠牲のシステム」を正当化してしまった面がある、そう指摘します。

「民主主義はある意思決定をするときに、多数の意思をもって全体の意思と考える。多数のほうを意思決定の際に採用すると、その採用されなかった少数の意見はどうなるんですかということになりますよね。これは人間なので当然なのですが、場合によっては多数の人が誤った判断を下すというのは十分にありうるわけです。それこそ典型的な例としては第一次大戦後のドイツでナチス党が台頭してきたときのことですよね。ナチス党は選挙で得票率をだんだんと伸ばしていって、第一党になって、ヒトラーが首相となって、それで選挙をやったときには大政翼賛選挙だったのは当然と言えば当然で、90％くらい支持を受けたんじゃないでしょうかね。つまりあの時代にはもうみんながこぞって、歓呼と喝采をもってヒトラーを支持したわけですよね。そのときにとんでもない人だ、例えばユダヤ人の迫害をあからさまに唱えそれをやっているとか、批判する人はいたんですけれども、全体のなかでは極めて少数だった。だからその時点で多数決をとってみれば民主的にヒトラーが承認されてしまうということになるんですね」

この危険性がそのまま「犠牲のシステム」も正当化してしまうと高橋さんは言います。「例えば沖縄の問題をとってみれば、全国の０．６％の土地に75％の基地を集中させるというのはあまりにも不平等であって、日米安保条約に基づいて米軍基地が日本に必要だと思うのが本土の多数の意思であるならば、この基地は本来本土に持って行って欲しい、と沖縄の人たちは今言っているわけですね。これは沖縄に対する差別であるから、差別をなくして欲しい、せめて全国で平等に負担するということをやって欲しいと。ところが、その要求を沖縄の人たちが全国で表明しようとすると、人口は全国で１％なんですよね。だから沖縄で10万人の反対集会がありましたということであっても、全体から見れば小さな数だと言われてしまう」

「これはもうどこまで行っても少数なんですよ、構造的に。だから全体で、多数決で決めるとなるとこれは沖縄にとっては極めて不平等ということになる。本来平等なはずのシステムなんですけれど。構造的に少数で、そこに犠牲が集中させられるところからすれば、極めて不平等ということになってしまう」

現在、原発の是非について国民投票にかけようとする運動もありますが、高橋さんはこの点から国民投票にも危うさがあると言います。国民投票にかけるのにふさわしいのは国民全体に同じようにかかわっている問題についてであって、そうでなければ差別を正当化することにもなりかねないと考えています。

それではどう民主主義をとらえたらいいのか。どう犠牲を生み出さないような政策決定ができるのか。「多数の意思が過ちを犯すというのはいくらでもありうるので、その多数の意思がはたして健全な意思かどうか。これは常に問い直されなければいけないし、反省されなければいけない。その場合に多数の意思がどこまで危険であるかを問い直す鏡となるのは、少数の意思ですよね。だからいわゆる少数意見の尊重がどうしても必要だと思いますね」

少数意見による不断の自己検証が必要、そして検証の際のひとつの基準となるのが、そこに「犠牲」はないかということだと話します。「民主主義」と言えばただ単に多数決のことだとされがちだけれども、それはときには少数者の抑圧につながってしまう。非対称な構造も生み出してしまう。そこで少数者の意見も常に同時に考えて尊重していかなければいけない。そのあたりに答えのヒントがあるように思います。

しかし一方で、ではどうするのか、という大きな問いはまだ残っています。民主主義の枠組みのなかで少数者の意思をどうすれば尊重していくことができるのか。あるいはそれとも民主主義を捨てなければならないのか。

2 国民投票の意義

震災後、政治学の問い直しを行っている杉田敦さんは、高橋さんとは対照的に国民投票について賛同しています。昨年の2月には「みんなで決めよう『原発』国民投票」の共同代表の一人(もう一人は社会学者の宮台真司さん)にも就任しました。「選挙は大事なんだけども、それに加えて、いろんな形で民意を反映する回路が必要で、例えばたまたま私も参加している直接投票とかも、ひとつの可能性としてあるし、それからデモとかそういうものも、これは単なる雑音なのかというと私はそうは思わない。やはりたくさんの人が、街に出て意見を言おうとしている。それはそれでやっぱり民意であると思う。もちろん、それをどう数えるかというのは難しいけれども、無視していいわけがない」

それは現代の政治において選挙だけでは限界があると考えるからです。かつては労働者の政党と経営者の政党というように世論を二つに分けて考えることが可能でしたが、特にエネルギー問題や環境問題に関しては、より複雑な形で民意が割れてきているからです。より多様な形で民意をくみ上げる方法を探さなければいけないと考えています。

原発事故を通して見えた今までの政治の問題として、政治的な判断を科学者に丸投げしてしまったということがあると言います。

「例えば、原子炉の専門家は安全な原子炉を設計する点では専門性を持っていますけども、ただ、安全な原子炉とは何かというのは、費用をどこまでかけるかとか、時間をかけるかとかそういう問題と関係してくるわけですよ。本来は原子炉科学者の専門というのは経済じゃないわけだから、原子炉をこれ以上に安全にすると電力会社が倒産しちゃうとか、そういう配慮を科学者はすべきじゃない、というかできないはずですよね。ところが実際はその人たちが、これ以上やると電気料金が上がっちゃうとか、電力会社が潰れちゃうとか、製造業に影響が出ちゃうとか、そういうことまで考慮して決める。そういうことがもしあったとすれば非常に問題なわけですよ」

結果として国民に判断させることを避けることになっていました。

「狭い意味での専門性を超えた判断を、実際上は科学者に丸投げって形。科学者がこういったからと言うと、みんな反論しにくいですよね。自分は専門家じゃないから。でも、例えば原発をやめて短期的に電気料金が上がるとしても、それでも社会はそれを選択するということもありうるわけですよ。電気は高くても安全性重視とか、あるいは安全だけじゃなく、原発は廃棄物問題とかで後の世代に非常に大きな負担を残しますから。そういうことを考えれば、電気料金が短期的に上がってもいいという政治的判断もありうるわけですよね。でも従来はそういうことは問わない、問いかけないで、社会は電気料金が安ければいいはずだということを、勝手に前提にしちゃって、そのためには原発しかない、これ以上安全対策やると料金上がっちゃうんだとか、そういう感じでいろんな意思決定をしてきたわけですよ。そこに、専門性というものに丸投げする形で、実際上は政治的な決定が、暗黙のうちに行われてしまったという非常に大きな問題があると私は思います」

だからこそ国民投票などいろいろな形で民意を反映させていかなければいけない。でもそれは、例えば国民投票は、「犠牲」を肯定してしまうことにはならないのか。高橋さんの提起を杉田さんにぶつけます。

「実際それは僕たちも国民投票の問題を立ち上げるときに批判として言われましたよ。東京とか大阪とかが電気が安いほうがいいと言って、原発を欲しいと言ってみんなで票入れて、推進になると。国民全体だと多数派が推進になる。そうしたら例えば、福島の人とか新潟の人とか、福井の人とかが嫌だと言っていても、国民投票で決めたんだからと言って、押し付けられちゃう。責任とれるのかと言われまして。これはやっぱり非常に重い問いなんですよ」

杉田さんは国民投票について、いきなり全国で行うのではなく、まずは各地域での住民投票の形で進めるプロセスをとることを提案しています。東京や大阪で賛成と出る可能性も反対と出る可能性もあるし、原発の雇用などを考えれば、福井や新潟でも賛成と出る可能性もあります。それはそれでいい、と杉田さんは言います。まずは他人事としてではなく、原発について考えてもらう。そうしてそれによりそれぞれの地域の民意というのが明らかになる。ほかの地域の民意も公表されて、問題が明らかになる。そうすれば「地域エゴ」を克服していくことも可能ではないのか。

「そういう風に、人々の意思を可視化する、見えるようにすることによって、そこに反省とか対話とかの機会が生まれてくる」

さらに、国民投票の条件についてこうも続けます。

「国民投票で判断するとしても、その国民というのは、時代を超えた、時間軸を長くとったような意味での国民というのを考えないといけない。こう言うと、非常に強い倫理的な判断を求めているという人もいますけど、そんなことはないと思う。私たちは誰でも、自分の子供とか孫とかに大きな借金を残していい、とは思いません。結果的に残しちゃうことはあるんだけど、数百年後の人が返してくれるからいいとか、そういう風な発想は普通しないわけですよ」

「地域エゴ」を克服して、時間軸を超えた判断を国民に求める。それは理想的だけれども、はたして現実的なのか。そういった疑問も生まれます。これに対しては、国民は「意外と考える」のではないか、というのが杉田さんのひとつ目の答えです。

「例えば、政府が原発問題で実施した討論型世論調査について、いろいろ私も聞いていますが、全く無関心の人は来てないとしても、自分から運動をしている人ばかり来たということじゃなくて、普通の人で、無作為に選んだ人のなかから行ってもいいですよという人が来た。そして、推進側と反対側の意見をきっちり聞いて、議論の水準は結構高かったと言われている。いい面と悪い面をいろいろ聞いて、その結果、特に決め手になったのは、バックエンド問題ですよね。ごみとか廃棄物の処理ができない、プルトニウムの持って行く場所がないとか、こういう問題を人々が、今まであんまり意識してこなかったけど、言われてみると大変だと。じゃあやっぱりすぐにやめることはできなくても、何年かかけてやめるべきじゃないかという人がかなり増えた」

新潟県の巻町で実施された原発を受け入れるかどうかの住民投票の例も挙げています。町を二分することにはなってしまったけれども、非常に高いレベルの議論が行われて、投票の結果反対が上回ったため、電力会社も最終的には受け入れざるをえませんでした。他人事ではなく自分のこととして考えるようになれば、質の高い議論も可能になるのではないかという答えです。

そしてもうひとつの答えとしてはこう話します。

「(しっかりと考えることをせずに安易に結論を出すというようなことがあれば)民主政治の前提をくつがえしうるということで、それは許されないということははっきり言ったほうがいい。つまり自分たちの社会の根本的な問題について、四六時中考えろと言っているわけじゃなくて、ただある一定の時間考えるというのは当たり前ですよね、それさえしないというのはとんでもないことであると。いままでそういうことについて政治学者とかもはっきり言わなかったんだけれども、あるいは言っても説教くさいとか上から目線とか言われるだけだったけども、でも、そんなことを正当化するんだったらそもそもデモクラシーとかやめたほうがいいわけ。一切例えば、官僚にお任せとかね」

これを国民全体で考えることこそが「民主主義」の根幹なのではないかという指摘です。

3 対話する民主主義へ

少なくとも原発問題に関しては、僕としてはこう思いました。今までだって、自分たちが得するなら他の地域で何が起こってもいい、というような利己的な判断がまかり通っていたわけでは、おそらくない。考えなかったか、あるいは考える機会が与えられなかっただけなのだろう。そしておそらく、確かに、原発立地の住民の多くはそれを受け入れてきて、多少の恩恵はあった。まさか事故が起こるとは思っていなかっただけなのだろう。ただ、そうした悪意なき総体が、結果論として「犠牲のシステム」とも言える非対称な構図を生み出してしまったのではないか。だから、結局どこかをばかり責めても仕方がないようにも思います。こうしたなかで、もし「民主主義」に期待を持つのだとするならば、単に投票に行くとかいうのを超えた積極性、倫理性はどうしても必要になると思います。

小熊英二さんは『社会を変えるには』のなかで、「対話民主制」という考え方を紹介しています。従来の階級といったものが意味を持たなくなり、これが自分たちを代表しているという意識も持てなくなっている以上、対話を通じてお互い変化していくことにより新しい「われわれ」という共同意識を作って政治に向かっていくしかないのではないのか。そういった指摘です。

何事もお任せ、という「民主主義」ではもう持たなくなってしまっているし、選挙の投票だけの多数決の「民主主義」も危険を孕む。民主主義をよりよいものにしていこうとするならば、積極的な政治参加と対話を通じてよりよい選択肢を探っていくしかないのではないかということを結局は考えさせられるところです。しかし、政治参加や対話というのはどこまで可能なのか。どうやってしていけばいいのか。どれほどに有効なのか。それは問い続けなければなりません。

新たな「民主主義」の潮流

1 官邸前デモの現場から

民主主義をどうとらえるかという問いかけに呼応するように、そして、どのような民主主義が望ましいのかを模索するように、今、多くの動きが着実に始まってきています。

官邸前では毎週金曜日に反原発のデモが行われています。一時期は官邸前の道路を占拠するほどの規模の盛り上がりを見せました。小熊英二さんは、ほぼ毎週デモに通っています。事故から2年たった２０１３年の3月、小熊さんに案内をしてもらってはじめて官邸前のデモに行きました。一時期より人数が減っているとは言え、いまだに非常に多くの人が参加しています。

デモ、といっても表現の方法は人それぞれです。シュプレヒコールをあげる人もいれば、絵を描く人、音楽を奏でる人、キャンドルを灯す人、歌を歌う人、自転車に乗って回る人、皆が思い思いの方法で主張を伝えようとしています。なにより楽しんでやっているのがとても印象的でした。老若男女を問わず、排他的な雰囲気はなく、それぞれビラを配布するなど情報交換の場にもなっています。

それぞれの思いが形になって政治を動かしていっていることにはやはり注目するべきだと思います。どうすれば自分の思いを伝えられるだろうかと皆が必死になって考えているのが熱気として感じることができます。一つひとつは小さいかもしれないけれど、それがまとまって、社会や政治に影響を与えようとしています。

デモを主催する首都圏反原発連合の野間易通さんは、「毎週ずっと来ている人には、原発をどうしてもなくしたい、事故のショックがあまりにも多くて、反省の気持ちがあると思います。目の前で見てきた人が動かなければいけないという、歳のいった人の罪の意識、若い世代に申し訳ないというそういうモチベーションがある」と言います。官邸前では直接総理大臣に向かって、そして国会正門前では通りがかる今まで原発に関心を持っていなかった人に向かって、やっぱり原発はないほうがいいですよ、ということを伝えてきました。手ごたえを大きく感じるときと、再び押し戻されてしまうように思うときと両方ありますが、それでも原発をこのままなくして行けるだろうという実感を持っています。

小熊さんに、今後もこうした運動は続いていくと思いますか、と問いかけると、「今後デモが起きるかどうか、社会運動が盛んになるかどうかとか、それは占い師じゃないから分からない」と答えました。ただ、こうも続けます。

「趨勢的に見れば、起きてくる可能性のほうが高いと思います。それはやっぱり、10年前、20年前、30年前と違って、情勢がよくないから。人々が不安に思って、なんかやろうっていう気持ちが強いからです。あなたの話を聞いていて、『こんなに盛り上がったわけですが、これは続くと思いますか』という質問形態になったってことは、ずいぶん変わったなと思いますよ。だって2011年以前、あるいは12年の初め以前ですら、『日本でデモは起きると思いますか』という、そういう質問でしたから。実際には、全国的に脱原発デモは2011年4月からずいぶんあったんだけど、それはほとんど報道されなかった。さすがに官邸前にあれだけ押しかけたら、報道せざるをえなくなったわけです。それで、新聞記者などの質問の仕方も、『デモが起きることは認めざるをえなくなって、『デモで社会は変わると思いますか』とか『続くと思いますか』とか、そういう形態に変わった。それに対する答えは、占い師じゃないから言えない。ただ、一定程度は定着してくと思いますよ。やっていいんだ、声を出していいんだ、という意識が広がってしまいましたから。首相にもうまくすれば会えるんだってなってしまったら、そりゃやるだろうさ」

2 対立から対話へ

もう一人、これからの「民主主義」を考える上での大きなヒントになりそうな女性を紹介したいと思います。

古田あずささん。原発事故が起きるまでは、休日に海外旅行に行くことが楽しみで、市民運動とは無縁でした。大阪「原発」市民投票の署名活動の人手が足りないと誘われ、軽い気持ちで手伝ったのがきっかけで、２０１２年から「みんなで決めよう『原発』国民投票・関西」に関わりました。原発は嫌だと思うけれど、ただ「反対」とだけ言うデモにも違和感を感じていました。「反対と表明することは大事。でもカンとぶつけてもカンとしか返らない。対立する二つにぶつかるだけ。(デモに原発への)怒りの表現はあってもいい、ただその怒りはどこから来るのかな、と想像してみたら、普段の生活のなかで感じていた不満や怒りを出すという一面もあるのでは？　本当は話し合って、一歩でも歩み寄っていけたらいい」

今の風潮は、原発に「反対」と言えばいい人、「賛成」と言ったら悪い人とみなしてしまいがちでは、とも感じています。本当の意味で対話をしていくにはどうしていけばいいのか。

古田さんは、２０１２年の10月に原発建設の是非を問う国民投票が行われたリトアニア、そして隣国のラトビアに仲間とともに行きました。２００人以上の市民にアンケートをとりましたが、それは日本とはずいぶん様子が違いました。声をかけたら、誰でも答えてくれ、そして自分の意見を話してくれる。そのことにまず驚いたと言います。

ラトビアで出会った女子高生の3人組。3人とも国民投票にかけることは賛成。しかし、原発自体の賛否は分かれていました。一人は賛成と言い、もう一人は反対、そしてもう一人は「YES、NOを分けるのは難しいわ」と話します。それでも、それぞれが自分の意見を言い合い、まだ言い足りないからとアンケート用紙にも書き込みました。また仲間の話では、バンドを組んでいる二人に原発について問いかけると、意見が違っているので、喧嘩のような言い合いになりました。しかしそれは本当に喧嘩になっているわけではなく、言い合いが終わればとても仲がいい。

日本ではアンケートを集めるのも大変、何より政治について話すのはタブーという意識を強く感じています。「そんな話したら、何真面目なこと話してんねん、となってしまう」

民主主義というものが本当に機能し、民意が反映されるなら国民投票も必要ないかもしれない、と古田さんは話します。ただ、今はそうではないので、きっかけとして国民投票が必要。まずは政治に関心を向けてもらいたいと考え「みんなで話そう☆なんデモかんデモ!」というイベントを2013年の2月に企画しました。パレード後、ゲストトーク、そして参加者同士で話し合います。テーマは原発に限らず、マルチイシュー。楽しんで話ができるように、

「討論屋台」という演出で、「民意の塩漬け」、「若者の関心揚げ」といった洒落をきかせた討論のメニューを作りました。

「きっかけは原発だったけど、貧困・ホームレスの問題とか、活動してからつながっていると初めて気づいた。表の顔は違うけど根っこは同じなんだなぁ」

政治について、社会について、原発について、気軽に話せるようになればいいと考えています。投票率を上げたくて、電車のなかで「投票に行こう」というボードを持ち、あえてメンバーと大きな声で話してみたこともあります。

「意見の違う人と話をすることで、自分がどう考えているかをより深く理解するきっかけになる。賛成・反対と主張するだけでは平行線のまま」

そしてお互いのことを知って、「自分を大切にし、一人ひとりを大切にしていきたい」。多くの人がそれを意識し実践すれば、原発のように大きな犠牲を払っているものは自然となくなっていくのではないか、と考えています。活動を通した出会いから祝島や上関原発建設予定地のスタディーツアーにも参加しました。現地の空気に触れ、人と接するなかで、新たな見方も加わったと言います。

「対立ではなく対話したいと思っているから」。古田さんが署名活動をしているときに、原発立地県である福井県出身の人からかけられた言葉です。

これから、政治をどうするか——再び福島から

こうして対話の流れが形になり、そして大きくなっていけばいい。それは僕の偽らざる実感です。より多くの人が政治に参加して、相手の話をじっくりと聞き、問題を他人事ではなく自分事としてとらえていけば、少しでもまともな方向に進んでいくのではないのか。だけど、福島に行くと、全ての単純化を拒否されるようにも感じます。

「民主主義という言葉は、水戸黄門の印籠のようなもので、思考停止させ、分かったような気にさせてしまう。でもそれが本当は何かというと僕も分からないかもしれないなあ」と松村茂郎さんは話します。

原発の設置が「民主的」に決まったものではなかった、と松村さんは思っています。国全体の方針として原発推進というのが決まったというよりは、それぞれの原発を設置するかどうか。東電と国が設置できそうだと思ったところに狙いを決めて候補地にする。絶対安全ということで説得をしていく。職のあっせんをするなどと言って、反対派の切り崩しを行っていく。浪江・小高の原発は最後まで土地を売らないで頑張った人がいたので、原発はできませんでした。そのように住民が「絶対に反対」となれば、建設はできない。だけど結局、貧しい地域だから、

原発を受け入れていったのでした。

松村さんも大学生ぐらいまでは、「人と人は、話せばわかる」と思っていました。だけど当然、そんな簡単に行くものではない。そして今の福島ではむしろ、自分の言ったことや自分の判断が他の人を傷つけることになっていると話します。例えば、自分なりに精一杯考えて浪江にはもう戻らないと決断したとする。だけどそれは結果的に帰りたいと思っている人を傷つけることになってしまう。対話が難しい状況になっていると言います。

とはいえ、専門家に任せきることもできません。松村さんは原発の避難指示の例を挙げます。事故当初、避難指示は狭い範囲でしか出されませんでした。当時は少しでもリスクがあるのなら、「疑わしきは罰せず」ではないけれど、なるべく広い範囲をとって避難を促すべきだと思っていました。だけど、避難中に亡くなったというニュースを見聞きするにつけ、そうばかりは言えないとも思えます。他の問題も同じで、科学に基づいた情報があったとしても、それだけでは決定は終わっていない。「原子力の専門家は、原発で起きている事象を理解できても、住民を避難させるかどうかの判断はできない」

それではいったい誰が決めるのか。どう決めるのか。松村さんは「倫理観」というものを考えないといけないと感じています。多数決で言うならば「多数決で勝利した側は決定権を握るが、同時に敗れた少数派の意見を尊重しながら最終的な決定をする義務も生ずる」と考えるような倫理観だと言います。法律があれば、それさえ守れば何をしても許されるわけではないのと同様に、「民主的な手続き」をとったからと言って、それだけで済む話ではないと言います。

対話は重要だと思います。だけど、そんなことは分かっていた。分かっていたけど、この事故は起きてしまった。あるいは同じ構図は何度も繰り返されてしまった。やはりこの事実は重く見なければいけないと思います。民主主義の再出航は思っていたよりも厳しいです。福島でも、水俣でも、直接に厳しい体験をして来た人たちの言葉は非常に重い。その重みに匹敵するような提案を紡ぎだす自信はありません。ただ圧倒されました。でも、これからの政治に何かヒントを見出せるとすれば、そこにしかないとも思います。民主主義の構成員として求められるのは何なのでしょうか。そして、必要とされる倫理観は何でしょうか。

願わくは福島に、水俣に行って欲しいと思います。どんな大上段に構えた議論も空疎に思えるような現在進行中の事態がそこにはあります。その圧倒をまず感じ取って欲しいと思います。それが難しいなら、この拙い文章からその一端でも感じて頂けたら幸いです。そうして、その上で、その圧倒から立ち直って重い口を開くことができたのなら、少しでもまともな民主主義を構築できる、のかもしれません。覚悟を持った民主主義の先に正しい判断ができるのかどうかは、まだ分かりません。

おわりに

福島に取材に行ったのは、実は最後でした。民主主義について考え、民主主義が分からなくなり、民主主義に期待するようになって、民主主義の限界も見えました。実のところ、困惑をしています。

民主主義という、分かったつもりの言葉を、多くの人が異なったそれぞれの意味でとらえていたことにも驚かされました。ただ、根底のところでは共通しているようにも思います。目をそむけることなく、考えていく。再び後悔をしないように。それができるのかどうか、というのは答えのない問いで、非常に困難でさえある。ただ、それをしなければいけないという杉田さんの言葉は重い指摘です。民主主義とは想像していた以上に覚悟がいるものなのかもしれません。

多くの人の話を聞くというのは相当な刺激のあることです。話を聞いては考えて、また話を聞き、考える。最初とはずいぶん違った考え方をしている自分に気づきます。僕一人ができることは小さいです。だけど、これからも丹念に話を聞いて、考え続けて、少しずつでも口を開いていけたらいい。そういう風に思っています。

最後に、高校生の取材にもかかわらず快く時間を割いて熱心に答えて頂いた、花田昌宣さん、川本愛一郎さん、高橋哲哉さん、小熊英二さん、杉田敦さん、古田あずささん、野間易通さん、そして水俣病資料館館長の坂本直充さん、水俣学研究センターの井上ゆかりさん、田中睦さん、毎日新聞の西貴晴さん、水俣市地域人権指導員の坂本みゆきさんをはじめとする水俣でお世話になった方々、福島で温かく迎え入れてくれ、真夜中までお話をしてくださった松村茂郎さんご一家に感謝を申し上げて、筆を置きたいと思います。

補遺

初稿を書き終えてから半年ほどの間、原発や民主主義についての本を何冊か読みつつ、新たに気付いたこと、考えたこと、頭の整理がついたことを簡単に書き記したいと思います。

対話を基調とした民主主義などと言うのは、都合のいい方便である、という意見を見かけました。なるほど、確かにその通りなのです。話し合って全員が納得するなら、そんなに楽なことはない。実際には完全に納得しあうことはありえないわけです。しかし、だからと言って、そのままあきらめていいものなのか。強制的な多数決を繰り返していけばいいのか。それはどうにも否定しておきたいのです。

社会活動家であり、内閣府参与の経験から民主主義についての提起を行っている湯浅誠さんの話を聞く機会がありました。「外交において戦争が最終手段であるように、多数決は民主主義においてあくまで最終手段である」ということを湯浅さんはおっしゃいました。戦争という表現は何とも物騒ですが、多数決という最終手段に至るまでのできるだけ健全な議論というのが今問われているのでしょう。

共同体の形成（あるいは再建）というのが重要な要素になるように思います（多くの方が指摘していることを、頭の中で再構成しつつ理解しています）。ひとつは政治への積極的な関与を可能にするためです。自分がその共同体の構成員なのだという帰属意識が持てれば、それの政治にも積極的に関わろうという気持ちになることができます。そして、もうひとつは共同体の他の構成員への配慮を可能にするためです。例えば、福島で事故が起きようと自分には無関係なことだと多くの人が思うならば、健全な議論は望めないでしょう。逆に共感が可能なら、非対称な構造を克服する手掛かりになりえます。この共感というのはそれほど難しいことであるようには思えません。震災後、被災地の記事を見て、全く何も感じなかったという人は少ないでしょう。あるいはつい最近、オリンピックの日本人選手の活躍への盛り上がりについても、肯定的に見ていいと思います。すなわち、直接的な関係はなくても、自分のことのように喜んだり、悲しんだりすることは可能だということです。

その「共同体」というのは多層的なものとなるでしょうし、それが望ましいでしょう。国家や地方共同体にとどまらず、家族、学校、会社、町内会、あるいはそれ以外にも多様なレベルの共同体が考えられます。理想を言えば、地球全体をひとつの共同体とする意識だってあってしかるべきです。とはいえ、博愛主義でいることはなかなか難しく、不可能だとも言えます。そうであっても、何かしらの共同体意識に基づく他者への配慮は追求できるのではないでしょうか。あるいは、いきなり国政のことに関われと言われても難しい、ということでも、自らの帰属意識のある様々な共同体に、程度に応じて関与していくことは可能なのではないでしょうか。

むろん上記のような共同体意識には危険性もあり、とりわけ排他性への誘惑と同質性への圧力に注意せねばなりません。言い換えれば、個人を尊重しつつも他者の意見を受容し、自らの共同体を尊重しつつも他の共同体を受容するということです。

そして、そこでの議論では単純化（「悪いのは全て中国、韓国」）や安易な二元論（「あなたは反原発なのか、原発推進なのか」）は避けられなければなりません。他者の意見を尊重した上での議論が望まれます。

具体的な道筋を考えるのは難しいのですが、そこまで急進的に進むものではないというのは事実でしょう。東京都小平市での都道の建設をめぐる問題を題材に、哲学者の國分功一郎さんは市民の政治参加への方法を提起し、話題になっています（『来るべき民主主義：小平市都道328号線と近代政治哲学の諸問題』〈幻冬舎新書、2013年刊〉）。あるいは、本書第2部で北海道新聞記者の小園さんがおっしゃっていたように、地方における政治家の後援会というのにも糸口はありそうです。このように、既存のものの改良も含め、少しずつ進めていくしかありません。

第2章 男と女のあいだ

ジェンダー格差に向き合って

村上太一

僕と「ジェンダー」との出会い

1 女性とは無縁の日々から

僕は小さい頃から、外で遊ぶよりも部屋で本を読むのが好きで、赤色のものをよく身につけていました。そんな僕は、「女の子みたい」と言われることがよくありました。また、僕は足が遅く、徒競走ではいつも後ろのほうを走っていました。さらに、女子に負けたりすると「男のくせに」とからかわれることもしばしばでした。

周囲の評価は、いわゆる「男らしい」点が僕にはあまり備わっていなかったということなのです。そういった評価を受けていくうちに、僕は次第に「男らしさって、一体何のことなんだ」という反発と疑問を無意識のうちに抱くようになっていきました。

そんな僕は、今、男子校に通っています。男子校に通うのは、慣れないうちは違和感を覚えますが、慣れると結構快適なものです。他方、男子ばかりの環境に慣れてしまうがために、困った出来事に遭遇するということもしばしばあります。

男子校では周囲に女子がいないため、「女の友達」という存在を普段の生活で意識することはありません。校外の塾などに通っていた友人は、女子の友人が実際にいたのかもしれませんが、交友関係がほとんど学内に限られていた当時の僕にとっては、「女の友達」というのは記憶の中の存在でしかありませんでした。

例えば、久しぶりに小学校時代の友人の女子に会ったとき、どうやって話しかけていいのかさっぱり分からなくなります。何かの機会で女子に会ったときも、どうしゃべってよいのかさっぱり分からないのです。また、学内の友人との会話でも「女性」がテーマになるときは、ほとんどが「彼女欲しいわー」というものや「あのアイドル可愛くね?」といったものばかり。「女性」をリアルな存在として意識する機会はほとんどありません。女性教員が異様に少ないという本校独自の環境もこれに拍車をかけています。

そんな経験を何回かするうちに、僕は、「このままいくと、自分は何か大切な物を落としたまま成長してしまうのではないか」という不安を抱くようになりました。女性とどうコミュニケーションしていくべきなのかを一切学ぶことなく6年間を過ごすことで、女性を「社会の構成員」としてではなく「恋愛対象」、「結婚相手」としてしか見ることができなくなってしまう。無論、積極的に「外界」と関わっている友人も多くいましたが、男子校にどっぷりとつかってしまった僕にとって、女性というのはまさに「ファンタジー」でした。

以上が、今振り返ると、僕が「ジェンダー」を意識し始めた大きなきっかけです。

2 「隠れたカリキュラム」で知った男女格差の現実

そんななか、選択制の課外授業で「隠れたカリキュラム」について話を伺う機会がありました。「隠れたカリキュラム」というのは、学校において、公式のカリキュラムとは別に生徒にすり込まれる内容のことです。

ジェンダーに関して言うと、男子は学校教育の場において、「頑張って勉強して社会的に成功せよ」という単一のメッセージのみを受け取り、それに従っていればよいことになります。

他方、女子は「頑張って勉強しろ」という建前と「女の子なんだから勉強するより、よいお嫁さんになりなさい」という本音の二つのメッセージを受け取り、その結果、葛藤を覚えることになるというのです。

この授業内容は、僕にとって衝撃でした。これまで自分は、男子校という空間に違和感を抱いてはいたものの、自分が社会的に優位な側に立っていると意識したことはあまりありませんでした。最も身近な学校教育の場において、自分はこれまで男子であることの「優位性」にあやかっていたことになります。この事実を知ったときは、驚くというよりも、そのことに無頓着でいたことが悔しくて仕方がありませんでした。ひょっとして、自分は他の面でも、女子を差別する側にいるのではないだろうか、と心がざわつき始めました。

「ジェンダー」という言葉を知ったのもこの授業のときです。「男らしさ」「男子校」といった事柄への違和感も、この「ジェンダー」という言葉と関係しているのではないでしょうか。そうだとしたら、このトピックにはこれ以上無関心ではいられません。そこで、ジェンダーというものに関心を持ち、もっと調べてみようと思ったのです。

そして、ジェンダーに関連する事柄を調べていくうちに、僕は「男性学」という考え方にも出会うことになりました。多くの人がイメージするジェンダー研究というのは、男性と女性の差異に注目した上で、女性が受けている苦しみについて主に扱っていく、というものではないでしょうか。もちろん、実際の社会で女性が受けている苦しみは決して小さなものではありませんし、それを軽視するわけではありません。ですが、そこでは男性というのは一枚岩の存在として扱われてしまいます。そこで、「男性にもいろいろな人がいるんだよ」という視点をもたらすのが男性学です。これは、僕が幼い頃から抱いていた違和感にぴたりと一致しました。それとともに、男性である僕がジェンダーについて学ぶ理由もここにあるのではないか、という気がしました。

それと同時に別の思いがわいてきました。「他の人の意見を聞きたい」という思いです。共学に通う高校生は、男女差を気にしたことはあるのか。女子校に通う人は、女子校に疑問を抱いたことはあるのか。そもそも、自分が抱いていた「違和感」は、他の人から見たらどのように見えているのか。他の人は自分と同じような違和感を抱いているのだろうか、知りたいと思いました。ジェンダーは「男女」を考える学問です。男だけで考えるより、色々な人の考えを聞いたほうが得るものは多いはずです。

そこで、まず高校生同士でディスカッションを行うことにしました。女子校に通う人と男子校に通う人とでは、見えている風景は違うのか。共学の人と別学の人では、意識しているものが異なるのか。高校生はジェンダーについてどんなことを考えているのか(考えていないのか)、どんな違和感を抱いているのか(抱いていないのか)、出来るだけ多くの見方、多くの観点を洗い出そうとしてみました。

その後に続くインタビューでは、日本における女性学研究のパイオニアである上野千鶴子さん[注1]に話を聞きました。男女の差というのはどこに存在するのか。女性差別と言われるものの本性は何なのか。ディスカッションによって洗い出された高校生の認識は、現実とどう違っているのか。詳しく話を聞きました。

さらに、その後のインタビューでは、「男のフェスティバル」といったイベントなどを通じて、男性の新たな生き方を模索している中村彰さん[注2]に話を聞きました。現在の社会において、ジェンダーというのは男性にとって幸せなものとなっているのでしょうか。

そして、最後に、筆者によるまとめを行いました。ジェンダーというのは、果たして女性を、男性を、幸せにするものなのか。そこから逃れられるとしたら、どうすればいいのか、その答えを模索してみます。

本章が、「違和感」に苦しむ人の助けに少しでもなれば幸いです。

1　上野千鶴子（うえの・ちづこ）　東京大学名誉教授、立命館大学特別招聘教授、認定NPO法人ウィメンズ・アクション・ネットワーク（WAN）理事長。専門は女性学、ジェンダー研究。主な著書に、『女たちのサバイバル作戦』（文春新書・2013年刊）、『女ぎらい――ニッポンのミソジニー』（紀伊国屋書店・2010年刊）、『ケアの社会学――当事者主権の福祉社会へ』（太田出版・2011年刊）、『上野千鶴子の選憲論』（集英社新書、2014年刊）などがある。

2 中村彰（なかむら・あきら）　ジャーナリスト。日本ジェンダー学会理事。専門は男性学・メンズリブ。主な著書に、『男性の「生き方」再考——メンズリブからの提唱』（世界思想社・2005年刊）などがある。

高校生の性差に対する意識——座談会から探る

そもそも、現在の高校生は性差に対してどのような意識を抱いているのでしょうか。本節では、高校生が性差というものをどう捉えているのか、それについて考えてみたいと思います。

高校生というのは、性に対してどのような意識を持っているのでしょうか。このことについて、高校生たちと座談会を行いました。メンバーは、男子校の男子3名、共学の男子1名、女子校の女子1名、共学の女子1名です。座談会においては、「男女差別」ということについて、どのようなことを感じているのか、不便を感じたことはあるのか、について語ってもらいました。

「男女差」という言葉は、何を指しているのでしょうか。男女間に「違い」が存在すれば、それはすべて「差別」として扱うのが妥当なのでしょうか。座談会では、まずその点について疑問が呈されました。

「公立で男子校と女子校を分けるのは憲法違反かっていう議論を聞いたことがある。じゃあどうして男女で分けるのが憲法違反かっていう点がちょっとよく分からない。その人が違憲だって言いたいのは、受け皿がないから、とかじゃなくて、男女に分けていること自体が違憲だということらしいけど、それはおかしいと思う」(男子校男子)

「極端な例で言うと、生まれながらに耳が聞こえなかった人とか目が見えなかった人たちのために、聾学校・盲学校といった別の学校がある。同じ人間なのに男女どころじゃない次元でそういった人を一括りにして、その人たちを同じ学校で教育するのがおかしいかって言うと、それは絶対に違うじゃない。その人に最適な環境を提供してるだけでしょ、だからそれは男女別においても、必ずしも差別であるとは言えないと思う」(女子校女子)

といった風に、男子校・女子校の問題を例にして、そもそも差別とは何なのか、「差別」と「区別」といった言葉はどう違うのか、という疑問が呈されました。高校生として生活していくなかで、男子と女子の差を「差別」として感じる機会はあまり多くないようです。

このことは、次の問いの答えにも現れていると言えるかもしれません。身近において男女差を感じる機会を尋ねたとき、一番多くの人が指摘したのは、「女性専用車両」の問題でした。

「女性専用車両の存在自体は別に悪いことではないと思う、犯罪防止にも役に立つから。でも、結果的に何が差別になるかって言うと、女性専用車両は大体空いていて、そこに男性は乗れない、でも女性は乗れる、っていう現状がある。それは男性に対して女性が優位に立ってるっていうパターンが増えていて、男性が席に座れない。だから、女性専用車両と男性専用車両を一緒に作るのはどうだろうと思う。女性専用車両を作るんであれば男性専用車両を作って同じ状態にするべきだし、なおかつ女性専用車両の役割も満たされるわけじゃないですか」(男子校男子)

と、女性専用車両を否定するものに対し、「かといって僕がJRの経営者であるとして、一部不公平だから男性専用車両を作れと言ったって、自分は、男性には必要ないじゃんと思う。まあ言い方は悪いけど、女性専用車両って女性を保護するためにあるんだよね。保護される必要がない人にそんなことしなくていいじゃんと思う」(男子校男子)と、女性専用車両を肯定する意見、どちらも高校生のあいだから出されました。

ただ、高校生にとって、身近な存在で、もっとも男女差を意識させるものとして女性専用車両があることは確かなようです。と言うより、それくらいしか男女の差を意識する場所がないというのが正確な表現かもしれません。

それでは、男女の差というのは、少なくなってきていると判断してよいのでしょうか。

例えば、女性がリーダーになることについて、「女性のほうがオーガナイズするのは上手い場合があるっていうのは感じるときがある。色んなリーダーや指導者を見ていて、男性と女性でちょっとやり方は違う。女性的なやり方もすごくいいなあ、こういうまとめ方もあったんだ、と思うときがある。それが個人の能力なのか、女性だからなのかは分からないけど」(男子校男子)と肯定的な意見が出されました。

ただ、これに対しては、ある女子からは、「例えば、男ばかりの集団に女性の意見を取り入れようという傾向があるのはいいことだと思う。もちろんそうあるべきだし、男女の割合が等しいくらいのほうが、意見としてより一般性を持つというか、凡例としてよいものになると思う。ただ、私は女性のほうが、気が回るから、とかよく気が付くから、という理由で自分が取り入れられるのは非常に嫌です」(女子校女子)といった意見が出されました。

そしてもうひとつ、高校生が男女を意識する場について、恋愛があります。これについても、高校生の実感は大きく分かれるようです。

「恋愛のチャンスがもしあったら、してみてもいいと思う。僕は、例えばディベートの大会があったら、参加してみてもいいんじゃない、みたいな感覚で、恋のチャンスがあったんだったら、してもいいんじゃない、ってみたいな感覚でとらえている。それが、相手にとって失礼になるっていう可能性がもしかしたらあるかもしれないけれども、僕の恋の考え方はそれ。だから、恋に青春をささげるという考え方は、英語に青春をささげるとか、テニスに青春をささげるとか、そういう人たちの考え方と、僕は同列に扱う」(男子校男子)といった風に恋愛を捉える人がいました。

この他にも、アクセサリーとして彼氏（彼女）を扱うことに反発を覚える意見などが出され、恋愛についても一歩引いた視点を持つ高校生がいることが分かりました。

今回のディスカッションでは、高校生にとって男女差別を捉える機会というのは余り多くないということが分かります。もちろん、このディスカッションでは、僕と同じ世代の人全ての声を平等に抽出できたわけではありません。だから、ここで得られた結論というのも全ての人に当てはまるわけでは無論ありません。ですが、このような実感を抱いている高校生が一定数いるということは確かです。この実感は適切なものなのか、それとも的外れなものなのかは、これから見ていく必要があるでしょう。

男女格差のマクロ的視点――上野千鶴子さんに聞く

1 男女間格差は、命に関わる問題

前節では、男女の差について高校生がどのような実感を抱いているのかについて整理しました。本節では、男女差の現実について考えていきます。そこで、日本のジェンダー研究のパイオニアである上野千鶴子さんに話を伺いました(なお、上野さんのインタビューをまとめるにあたっては、ご著書の『女たちのサバイバル作戦』〈文春新書、2013年刊〉も参照しました)。

まずは、ディスカッションのなかで多く出た「女性専用車両」と「男子校」の問題を聞く予定でした。ですが、上野さんは女性専用車両については、「あれは男性の側に問題がある。そもそもの目的が痴漢を防止することだから」と指摘した上で、女性専用車両の問題は「全然大したことのない、ちっぽけな問題。マクロで見るともっと大きな問題は色々ある」と語ります。

さらに、男子校・女子校については「前世紀の遺物」であると言います。自身が女子短大で教鞭をとっていた経験に触れつつ、「女子短大というのは、要するに親が、娘には4年分の教育費まではかける気がないという意思表示。息子に短大に行かせようとする親はいないから。高等教育の面で、男女間に資源配分の格差が生じているというのが問題。男子校の多くは私立。親の教育投資が息子には多くかけられている証拠。いずれにしても社会は男女共学なのに、男子校、女子校で育つのは不自然」と述べます。この問題も、ちっぽけな問題でしかないと上野さんは言います。

早い話、高校生が抱いている「実感」というのは、ものの数ではないようです。その理由について、上野さんは「高校というのは、男女差を感じにくい場所ではある。ひとつには、成績による一元評価を行っていて、そこに男女が関与してこないから。もうひとつは、教師などが建前上は男女平等を叫んでいるから」と指摘します。

それでは、男女格差というものの実態にはどのようなものがあるのでしょうか。上野さんは「根本的なところ、女が食えない、って差別がある。職がない、あっても賃金が少ない、食えない。経済格差が一番大きい。新卒の学生の間でも内定率にジェンダー格差がある」と指摘します。男女間格差は、文字通り「命に関わる問題」であることが分かります。

その例として、男女間の非正規雇用率の差があります。厚生労働省によると、非正規労働者の約7割を女性が占めていることが分かります。女性の非正規率が高くなるから、賃金格差が生じます。一般労働者では、女性の賃金は、男性の69・8％となっています（厚生労働省「賃金構造基本統計調査」、2009年）。さらに、総合職と一般職の割合にも差が生じています。厚生労働省によると、総合職における女性の割合はわずかに5・6％（コース別雇用管理制度の実施・指導状況）。これは、諸外国と比べても低い数字です。非常にはっきりとした格差がある、と上野さんは指摘します。

日本は1991年にバブル景気がはじけてから、女性が職場に進出していきました。このとき、政財界は、男と同じように使える女だけを上手に振り分けました。偏差値には男女格差はないのですが、女性に関しては一部の使える女性だけを総合職とし、一般職は崩壊。ほとんどの女性は非正規雇用になってしまいました。男性に関しては正規雇用の比率のほうが高いのです。

どうしてこの男女の差は保たれ続けているのでしょうか。一番大きいのは、年功序列・終身雇用・企業内組合といった日本型雇用制度が崩れなかったことだと言います。

「ひとつの組織に長期間いればいるほど、序列と賃金が上がるシステムは、誰にとってトク（得）か。男女差別ってどこにも一行も書いてないけど、男がトクをして女がワリを食うようになっている。女性の勤続年数が伸びたために、係長級までの女性比率は上がった。係長は一番下級の管理職。次の中級管理職が課長級。勤続20年にならないと課長級に行かない。採用後、20年間長期勤続ができるかどうかで、その地位が決まる。そのルールは、誰にとって有利に働いたか。20年経ってみると、結果として男が生き残って女が振り落とされた。長期勤続できないのは女。家庭との両立が難しいから。長期勤続がプラスになるような組織慣行を作って、既得権益を守ってきたのは男性集団」

「日本型経営が深く組織文化として組み込まれているから、新卒一括採用という一角を崩すことすらできない。現在、大企業は新卒で入ってくる入り口をどんどん狭くしている。椅子取りゲームの椅子を減らして組織をスリムダウンし、ここに、よそから取り外し可能な労働力を付け足していこうとしている。この使い捨て労働が、非正規雇用。労働者の3割が非正規で、非正規労働の7割が女、女性労働者のおよそ6割が非正規。女に働いてもらわないと、日本経済が立ち行かないのに、企業に都合良く使い捨て労働力として使われている」と、現状を指摘します。

2 差別と向き合う

では、何をもって男女差別と考えればいいのでしょうか。上野さんは、「ある集団のルールに、ジェンダーバイアスがあるかないか、という問いを立てます。そのルールの効果が、男性もしくは女性のいずれかの集団に、著しく有利もしくは不利に働くと、そのルールのことを差別的と言う」と語ります。

では、差別と区別はどう違うのでしょうか。

「『不公正な』がつくものが差別。例えば、徒競走をして順位に差がついても、競争が公正に行われているならそれは差別とは言わない。日本型雇用システムでは、男性集団が個人の努力や能力によらずに女性より有利に優遇されているから、『不公正』と言える。個々の差別を証明できなくても、統計的差別を実証することは簡単にできる。総合職を例に取ってみても、女性と男性とでは、応募者と採用者の性比が大きく違う場合、あきらかに女性のほうが厳選されている。これは不公正だと言える」

では、企業のほうがこの現状を変えようとしてこなかったのはどうしてなのでしょうか。

「日本には差別を維持することによって均衡を維持している差別均衡型企業が多いから。従業員数が多くて事業高が大きい大企業がそう。一方で平等をめざして均衡を維持している企業がある。こちらは規模と事業高が相対的に小さい外資系やベンチャー。使える人はどんな人でも、国籍・性別問わず使おうとしている。大企業は差別することで上手く均衡しているから、内部改革の必要性を認めない」と語ります。しかし、このことを認めてしまうと、大企業が現状を変革しないことの妥当性を認めてしまうことにはならないのでしょうか。

「差別均衡型企業と平等均衡型企業との間に競争が起きるとしましょう。重厚長大型企業と中小の新興企業とを比べると、売上高は、確かに大企業のほうがはるかに大きいが、売上高経常利益率を見ると、平等均衡型企業が差別均衡型企業を上回ることが分かっている。で、これらの企業が、グローバルマーケットで競争したとしましょう。どちらが勝つでしょうか。大企業がだんだん沈んでいって、新興企業がだんだん伸びていく。これが国内市場だけで起きれば産業構造の転換が起こるはずだけど、国境を越えた競争になれば日本型大企業が巨艦沈没することになるでしょう」と語ります。

男性と女性の間には、僕が認識していたよりもはるかに大きな差があったようです。冒頭で上野さんに指摘されたように、自分が認識していた男女問題というのは、つまらない次元の話でしかありませんでした。

では、男女の差というのはどこに存在しているのでしょうか。上野さんは、「一番大きな違いは、妊娠するかどうか。同じひとつの行為をして、片方は妊娠のリスクを負い、もう片方はそのリスクを負わない。これは誰がどう逆立ちしても覆すことの出来ない非対称性」であると指摘します。

それでは、男性と女性の差について、僕は、高校生はこれからどう向き合っていけばいいのでしょうか。

「マクロで女性がどういう経験をしているのかを知るのも大事だけれど、父親と母親から別々に話を聞くとよいですよ。結婚生活に満足しているかどうか、とか。家庭は差別の巣窟だから。自分の一番身近なのは家庭でしょう」

「自分が性差別を経験したことがない、というなら、まずは自分の体と心、セクシュアリティにしっかり向き合うこと。男子校という環境ではそういったことを直接体験するのは難しいだろうけど、自分が女性のどこに萌えるか、何にムラムラするかのなかにも女性差別は潜んでいる。身体にも欲望にも歴史が刻まれている。美人の基準がいつ安産型から柳腰に変わったか、という変化にも歴史性はある」

女性というものの存在について自分は自覚できていませんでしたが、女性の現状そのものについても無知であったことを思い知らされました。このことについても、引き続き考えて行かなくてはいけません。

男性の苦悩を考える――中村彰さんに聞く

1 男女を縛る規範

前節では、ジェンダー差が、男女間で食う・食わないという非常に大きな問題に至っているという現状について見てきました。本節では、少し視点を変えて、男性が受けている苦悩を見ていきます。そこで、メンズリブの視点から、男性の新たな生き方を提唱する活動を続けている中村彰さんに話を伺うことにしました。

中村さんは、「男のフェスティバル」といった活動を続けてきました。自らの活動について、「社会的枠組みというのは、男性にも女性にも『こうありなさい』というメッセージを送っているじゃないですか。それに対して先に異議申し立てを始めたのは女性たちなんです。でも、ふと立ち止まって考えてみると、男たちだって結構しんどいぞ、と。しんどさを隠して突っ張っている男性と、本音トークが出来ている女性との違いが、運動を始めた当初はあったんです。

男性たちがもっと自分たちをさらせる場所が必要だったんです。女性たちは、女性たちだけの場で本音をさらすことができていたんだけど。女性同士だから理解できるよね、といった感じで。そこで、そういった場の男性バージョンを作る必要があるな、というのがメンズリブを始めた当初のことでした」と振り返ります。

では、実際に男性はどのような束縛を受けているのでしょうか。中村さんは、男性は、フランクに語り合うための言葉を持たない、と指摘します。

「フランクに語り合って心のケアなんかが出来ればいいんだけど、（夫婦の間でも）そういったことは、全然出来ていない。相手を否認するんじゃなくて、もう少しよいかたちでのコミュニケーションが出来たら、と思う。ありがとう、といった言葉を使って柔らかくコミュニケーションしていくのは女性のほうが上手いという気がします。男性は、仕事社会に埋没することによって、上下関係への対処の仕方は学んでいくんですよ。だけど、家庭や地域なんか、同じような関係で付き合うときでも、上下関係をひきずってしまう」

この、本音を語るための言葉を持たない、というのが男性に対して多くの問題を引き起こしています。

男性が受けている抑圧として一番大きい物のひとつが、「男性は外で働かなければいけない」という規範でしょう。この規範はあたかも古来からの伝統であったかのように思われています。

しかし、中村さんは、「今のサラリーマンの働き方っていうのは、明治政府を担った、江戸時代でいう武士階層の人に似た働き方。その働き方と性別役割分業観（筆者注：男性が外に出て働いて家族を養い、女性が家庭を守るべきとする価値観）っていうのがそこではちゃんと機能してはいた。それを明治政府が、みんなのためになると思ってみんなに押しつけた」と語ります。事実、それより以前の時代や、明治時代でも一般庶民の階層は、この働き方と全く異なる生き方をしていたそうです。

この規範は、男性が家族を養っていくことが十分に可能であった高度成長期には、十分に機能していました。ですが、現在では後述するように弊害のほうが大きくなってきたと言えるでしょう。中村さんがメンズリブ活動に打ち込んできた動機も、「仕事だけ人間になりたくない」という思いであったと著書のなかで述べています。

この規範は、現在でも残っているのでしょうか。

「男たちも随分と変わってきたとは思います。ただ、今の社会というのは、男も女も仕事に縛り付けてしまうところがある。一方で女性には、仕事や家庭など、いろいろあるんだけど、今の男性は、残業漬けで、パートナーに対して家事参加しようとしても時間を取れなくなったりする」

「昔は定年までそれで（規範に従って）いくことができたんですが、今の経済状況のなかでは、

（自分の意志にかかわらず）中途でリタイアせざるを得ないことがある。そういった状況を通じて考えると、仕事に対する男の縛りはまだまだ残っているな、という感じがします」

それでは、この規範からどのような弊害が生じているのでしょうか。この抑圧による弊害として、男性更年期障害や自死、熟年離婚、ドメスティック・バイオレンス（ＤＶ）など、多くの問題があると中村さんは指摘します。そのひとつである自死について考えてみます。内閣府の調査では、現在日本の自殺者数の７割を占めているのは男性です。その原因について、中村さんは、「男性は一見強そうに見えるけど、どこかでぽきりと折れてしまう。あるいは、社会的枠組みのなかで、それだけ強い物を押しつけられている、とも言えるでしょうけど。それは、男性に生活力がないということでもあります。夫婦でも、夫が先に死んだ場合は、妻は結構長生きするんだけど、妻が先に死んだ場合は、夫もすぐに死んでしまう。妻に寄りかかる形でかろうじて保っていた生活基盤が失われてしまうわけです」と述べます。

2 抑圧を超えて

中村さんは、ドメスティック・バイオレンスの問題にも積極的に取り組んでこられました。著書である『男性の「生き方」再考――メンズリブからの提唱』（世界思想社、２００５年刊）

のなかで、「ドメスティック・バイオレンスは犯罪である」と指摘しつつ、社会が男性に強く生きることを求めてきたので、暴力男が生まれていると述べます。夫に家族のリーダーであることが(女性からも)求められているので、妻を従わせることができなかったら暴力に走ってしまう、というわけです。

一方で、中村さんは、被害女性に対するケアは充実しているけど、加害男性のほうを変えていかないと、結局はいたちごっこで終わってしまう、とも指摘します。中村さんは、そういった立場から、男性に対して違う生き方を提唱する活動を続けてきました。近年の、交際中の若い男女間に見られるデートＤＶの問題について、中村さんはこう述べます。

「数年前、ある高校で講演をさせてもらいました。そこで校長先生と話していると、今時の高校生は、自由になったように見える部分と、将来自分が稼いで彼女を養わなければいけない、といった考えに縛られている部分と、両方あるんです。デートＤＶで言うと、他の部分では解放されていても、付き合うという段階になると、旧来の価値観を引きずってしまっている。結局、それを押さえ込むために、ＤＶなんかに走ってしまう。男性は抑圧されていても、それを発散することが出来ないから。ＤＶっていうのは殴る蹴るっていう問題もさることながら、一番の問題は相手をコントロールすること。自分発の行動を取れなくしてしまう。そういう手段を経ずに、お互いの思いをぶつけあう手段を求めていく、というのがひとつのアプローチとしてあげられるでしょうね」

「役割を演じるんじゃなくて、関係を生きる、ということ。カップルごとにいろいろな関係性があっていいと思います。子どもたちにそういうことが理解できれば、デートＤＶの問題もなくなってしまうでしょうね。『あるべき姿』にとらわれてしまうと、そこからずれてしまうと、もとに戻したいと思ってしまうじゃないですか。それにとらわれてしまうと、距離が広がってしまう、ということでしょうね」

男性というのは、抑圧されていても、それを発散することが出来ない。そこから、自死やドメスティック・バイオレンスなど、男女両方にとって不幸な事態が引き起こされていることが分かりました。

それでは、男性というのはどういった生き方を目指していけばいいのでしょうか。

「役割を生きるということと関係性を生きるということで言うと、関係性を認めると多様性を認めざるを得ないじゃないですか。そっちのほうがいいんじゃないかな。こうだ、と決めつけてしまうとそこからは自由になりにくいし」と中村さんは語ります。

もちろん、関係性を生きるということになると、本音を上手くぶつけ合っていくことが必要になってきます。男性にとって、これまでそのことはずっと無視されてきたと言っていいでしょう。確かに、男性が上手くコミュニケーションをしていこうとしたら、そこには訓練が必要となります。そのための場も必要となってくるでしょう。だけど、これからの時代は、もうこれまで通りにして生きていくのは大変な時代だと言えるのではないでしょうか。

高校生として、男性としてどう向き合うか

これまで、男女の差ということについて、いくつかの視点から考えてみました。ここでは、筆者によるまとめを行いたいと思います。

まず始めに、ひとつの点を確認しておきたいと思います。それは、「ジェンダーの問題は、人命に関わる問題である」ということです。女性にとっては、賃金格差による「食えない」という問題や、ドメスティック・バイオレンスによる被害の問題があります。一方で、妻に先立たれた男性がそのまま死んでしまったり、抑圧を受けた男性が自殺をしたり、といった問題も起こっています。高校生の実感にはいささか手に余るような深刻な問題であるということが分かりました。と同時に、ジェンダー差というのは、今となっては男性にとっても、女性にとっても、幸福をもたらすものではなくなっているのです。

それでは、こうした問題に対して、高校生はどうやって向き合っていけばいいのでしょうか。僕が取材を進めていくなかで何より大切なことだと感じたのは、「現状を認識する」というこ

とです。賃金格差の問題も、ドメスティック・バイオレンスの問題も、高校生の現実感覚からは確かに離れています。しかし、この取材を通じて、そういった現実から目を背けて、ジェンダーについて語ることは出来ないと悟りました。社会を変えていくための努力も、今、現在の社会がどのようになっているかを把握していなければ、方向性を見誤ってしまうのではないでしょうか。

そして、そのために必要なのが、自分の感覚にしっかりと向き合うことなのではないでしょうか。抑圧を感じているのは自分だけなのか、感じているとしたらそれはどうしてか、自分が他の人を抑圧していることはないか、といった疑問に丹念に向き合うことを通じて、社会の現状を認識する糸口が得られると思うのです。

もうひとつ、男性としてこういった現状にどうやって向かい合っていくべきかということを考えます。中村さんに伺ったように、ジェンダー差というのは男性にとっても生き方を束縛するものとなってきています。これ以上、現在の社会を維持するのは、男にとっても得策ではありません。ですが、上野さんに伺った通り、男性は女性を上手く利用することで、利益を得てきたという歴史があります。この歴史を無視して、自らが受けている抑圧についてばかり言い立てるのは公正なこととは決して言えないでしょう。

男性は、これまでずっとフェミニズム運動を抑圧することで、自らにとって有利な社会を作りあげてきました。今でも、ジェンダー差のシステムを維持していたほうが得だ、という男性も多くいることでしょう。メンズリブ運動も、まだまだ発展途上でしかありません。

最後に、これからの運動のあり方について述べます。これからは、男性と女性の両方を巻き込んでいくことが大切だ、と中村さんは語ります。両方にとってよい形を模索し、男女共同参画を目指すことこそで、誰もが幸せに生きることの出来る社会が作れるのです。果たしてこれは可能なのでしょうか。

これからの社会は変わるでしょうか、と問いかけたときのことです。中村さんはこう語りました。

「変わると思うし、変わって欲しい。若い人がいずれ多数派になったら変わると思いますよ」

この言葉を信じて、自分自身に向き合っていくこと。それが、誰もが男女ということにとらわれず、自分らしい生き方の出来る社会を作る方法でしょう。それが、皆が幸福になれる社会なのではないでしょうか。

第3章

あるべき学校教育？

「ゆとり教育」最終世代からの問題提起

吉富　秀平

学校教育をどう語るか

1　教育のあり方に「正しい答え」はあるか？

「教育」と題した章を担当するとき、どのように教育を語るかという問題が何よりもまず大きな壁としてありました。教育は全ての人が経験しており、だからこそ万人が評論家になりうる分野です。そこに今、一高校生として一体どのようなことができるのでしょうか。言ってしまえば「教育はどうあるべきか？」という問いをスタート地点として据えることは正しいのだろうか、そのように思ったのです。

教育がどうあるべきか、という疑問に対して「正しい答え」を導き出し、それを全ての人と共有しようとすることは果てしなく、不可能に近い試みのように思われます。

例えば、私の学校を見てみても、先生によって教育に対する考え方の違いがあることが分かります。ある先生が「高校3年生は受験に専念するほうがよい。そうすれば将来、何かにぶつかったとき、それにしっかりと集中して対処できる力がつく」と生徒に伝えれば、一方で「高校3年生であっても受験だけにとらわれず多様な活動をすることも大切だ。受験はもちろん大切だが、高校生の間でしか学べないこともある」と言う先生もいます。それぞれの先生が、先生自身の体験や、これまで多くの生徒を見てきた経験から、その異なる結論に至ったのでしょう。それらは共に説得力のあるもので、どちらが正しいと言い切れるものではありませんでした。もちろん、ある程度は論理的な議論を重ねることで二つの考え方を近づけることはできると思います。そうは言ってもやはり、最後には、体験や経験から導かれている「何が生徒のためになるか」という点で納得しあえないところが残るでしょう。

しかし一方で、「正しい答え」を追求する営みを放棄することはできないという現実があります。大きな視点に立ってみれば、文科省がこれまでに何度も学習指導要領を出しているように、けっして個別の活動ではありえない教育にとって、一つの方針を定めることは避けられないことです。多くの政治家・専門家が議論を交わし「教育」を動かしてきました。私たちの世代で終わりとなるいわゆる「ゆとり教育」も例外ではありません。

ここで、まさにその語り合いこそが現状の教育を形成していると考えるのであるならば、彼らが「何が生徒のためになる」と考え、語ったのかを知ることは、教育を考える上で避けられないことでしょう。本章の視座の一つはここにあります。教育について、実際に政治の現場にいた人、教育を考える研究者の方にお話を伺い、どのような思想・考えがそこにあった(ある)のかをインタビューを通して明らかにしていきます。

少し大きな話をしましたが、もっと身近に考えてみても、様々な教育理論が飛び交うなか、「これからの自分に何が必要なのか」の判断を最も切実に迫られているのは、私たち学生自身でもあるはずです。社会問題として教育が大きく取り扱われていなかったとき、つまり、教育の方針がある程度一つに定められていたようなとき(あるいは、そのように見えていたとき)には、生徒たちはそれに従っていればよいと考えられてきました。しかし今、マスコミでは脱ゆとりが議論され、海外大学への進学が注目を浴びる、リベラルアーツやキャリア教育といった理念が語られる、このように現状の教育を問題視する発言が増えるなかでは、私たちの前には複数の選択肢が様々な人々によって示されます。どの選択肢を選ぶのか、私たち生徒は何かしら能動的な判断が求められるようになってきていると思います。実際に、私の学校では、近年「医学部への進学が多い」という現状を問題視して、「どうしてそこに進学するのか」をより意識させる発言が多いように思います。それは単に、自分の成績と突き合わせるという話ではなく、どのような教育を自分が受けたいのかの判断を迫るものでしょう。AO入試や海外進学を考える生徒も増えてきているそうです。

先に述べたような、教育を作ってきた人々の考え・意図を踏まえて、それを何らかのかたちで多様な教育理念と対面したときの判断材料のひとつとして示すこと、これこそを本章の目的にしようと思います。

2 今の教育を作ってきた考えを探る

今まで多くの人が「教育」を語ってきました。そして学校教育は、それらに従って激しく変化してきました。では、現在の一般的な学校教育の背後にある考え方はどのようなものなのでしょうか？　また、これからの未来の教育はどのように語られているのでしょうか？　このような問いが本章の出発点です。

言い換えれば、現在の教育を作った根底にある理論に触れ、またその理論を現在から振り返り、これからの教育の語られ方を理解すること。そして最終的には、様々な具体的事柄に取り組むときの起点となるような材料を示すことを目標に据えました。

具体的には、このような観点から、以下2節を通して寺脇研さん[注1]と本田由紀さん[注2]にインタビューをしました。代表的なゆとり教育論者として、実際に政策決定に関わっていらっしゃった寺脇さんには「ゆとり教育」と呼ばれる教育の根底にあった考え方、狙いは何だったのか、を直接伺いました。次に、本田さんに、前節で寺脇さんが述べた「ゆとり教育」の理念を現状から振り返り、評価し、そして本田さんの提唱なさっている「教育の職業的意義」を現在の教育事情のなかにどのように位置づけようとしているのか、お話を伺ってきました。

教育の持つ力は絶大です。先日、朝日新聞に次のような数字を見つけました。教室で『ごんぎつね』を読んだ子どもの人数、6000万人。この数字が、『ごんぎつね』が長いあいだ親しまれ続けていることを表しているのはもちろんですが、これだけ多くの人に対して、あるひとつの物語を読むことを強制することが可能な「教育」の影響力の大きさを示すものでもあると思います。この巨大な教育の流れのなかに組み込まれている自分をふと眺めると、不思議な気分になります。

この章を書き進めるなかで、「教育」に関わっている人々の強い思いや考え方に触れることができました。そして、教育とはこのような人々によって作りあげられているのだなという実感も強く得られました。どのような意図や思いのもとで現在の教育が形成されたのか、私自身が辿った発見を伝えられたら幸いです。

1　寺脇研（てらわき・けん）　元文部省官僚。京都造形芸術大学教授。官僚時代は「ゆとり教育」の広報を担った。主な著書に、『それでも、ゆとり教育は間違っていない』（扶桑社・2007年刊）、『文部科学省──「三流官庁」の知られざる素顔』（中公新書ラクレ・2013年刊）などがある。

2　本田由紀（ほんだ・ゆき）　東京大学大学院教育学研究科比較教育社会学コース教授。専門分野は教育社会学。主な著書に、『社会を結びなおす──教育・仕事・家族の連携へ』（岩波ブックレット・2014年刊）、『教育の職業的意義──若者、学校、社会をつなぐ』（ちくま新書・2009年刊）、『若者と仕事──「学校経由」の就職を超えて』（東京大学出版会・2005年刊）などがある。

成熟社会の教育 ──寺脇研さんに聞く

寺脇研さんは官僚時代に、ゆとり教育政策に関わりスポークスマン的な役割を果たした人物です。寺脇研さんにその「ゆとり教育」導入の意図について伺ってきました。この章では、その意図と失敗の原因とを寺脇さんがどのように考えているのかを明確にした上で、本節において一つひとつ振り返っていこうと思います。

1 強調される社会の変化

ゆとり教育が語られるとき、一般にそれ以前の競争重視の教育と対比されることが多いようにみられます。ゆとり教育は、80年代の「受験学力中心の教育」から脱することを大きな目的として始まりました。実際に寺脇さんは、「ゆとり教育」の目的を語るとき成熟社会という言葉を使って説明しています。

「画一的に詰め込む教育というのは、どの国でも近代国家になるときには大成功するのです。それまで教育を受けられなかった江戸時代から明治になって、日本が近代国家になっていくプロセスのなかでは、みんなを集めて画一的に詰め込んだから、それはある意味、大成功して明治から近代国家になり戦後の経済成長まではそういうことで上手くいっていた訳です。ところが、経済成長が行きつくところまで行くと、人は豊かになるよりも、もっとやりたいことができるように、大人もとりあえず働いて給料がもらえればいいというところから、やっぱり他人と違うことがしたいとかに変わっていっているじゃないですか。それを成熟社会と呼ぶのです」

寺脇さんは現代を、成長社会から成熟社会への過渡期と位置づけます。このような成長社会や成熟社会という考え方は、『成長の限界』と呼ばれるレポート（ローマクラブ）のなかで使われた言葉で、そういった現状認識に基づいて、学力中心の成長社会的教育から、成熟社会にふさわしい新しい教育として「ゆとり教育」が提唱されたようです。「ゆとり教育」の第一の目的、問題意識は「現代社会の変容」にあったようです。

2 成熟社会の教育とは?

では具体的に「成熟社会」で必要とされる教育とは、どのようなものなのでしょうか。寺脇氏はまずそのひとつの例として、「生きる力」というスローガンを挙げました。「ゆとり教育はそもそも生きる力を育むためのもの。社会人として生きていくためには知識のみでは通用せず、考える力および表現する力が必要となってきます。旧来的な知識量としての学力は低下するかもしれないが、それを恐れていては考える力は育ちません。また新学習指導要領に記された内容は最低基準です。今までは記されていない内容は教えてはいけなかったが、意欲によりそれ以上の学習は奨励されているのです」

従来の「知識」だけではなく「考える力および表現する力」こそが、成熟社会で必要とされている力だと説明されています。また寺脇さんの経験では、小中学生のときにたくさんの経験を身につけた子どもたちは大学に入ってから、自分の好きなことに本当に熱心に取り組むようになったそうです。また、農業体験や職業体験もメリットとして挙げられていました。現在でいうキャリア教育の原型のように思われます。

「今の26歳ぐらい以下の人は、たぶん農作物を育てる体験をしたと思うけれども、それより上の人は、生まれてから農作業を一度もやったことがないっていうのが普通なの。私もその一人。私たちは、日本の若い人たちが農業に夢を持って欲しいのです。日本で農業やる人たちは、親が農業やっている人たちばかりだったんですよ、昔は。だから、嫌々やる人も多かったです。でも今は何かの体験がきっかけで好きで農業を始める人も出てきました」

また、このことは、進路について様々な選択肢を生徒たちに見せることができると言います。

「例えば、大学に入って農業やろうって思う人も、農業を体験してなかったらそんなこと思う訳ないと思うし、介護に一生をかけようと思う人も、どこかで介護の体験をしていなきゃそう思うきっかけがない。昔はそういうのは大学を卒業してからやりなさいと言っていたのを、それは少なくとも中学校卒業までにいろいろ体験して、だいたいの方向を見つけて高校に行って、そして大学では俺はこの道を行くのだとやっていったらいいと思います」

3 ゆとり教育の失敗

今、「ゆとり教育」が終わりを迎えていますが、寺脇氏はこの失敗の原因をどのように考えているのでしょうか。失敗の原因のひとつとして、寺脇さんらが想定していた理念を、全ての学校に共有できなかったことを挙げました。

「本来体験するだけでなくて、それをどうフィードバックするかも話して欲しかったのが、総合学習の時間です。でも、体験だけさせて放ったらかしにしたり、ドリルまでやらせたりしている学校もありました。学校でして欲しかったのは、例えば、職場体験に1週間行った次の月曜日から普通の授業に戻るのではなく、感想はどうだったのか、そこから何を学んだのか、何を学べなかったのか、という話し合いをすることです。何かを体験するときに、できたことと、できなかったことを整理して、できなかったことについては、それをできるようになるにはどうしたらいいのか、そういう話ができることなのです」

さらにそれは、導入当初の政治家の態度が問題であったと言います。

「毅然として『やる』と言っていたら上手く行っていたと思いますが、始めるときにやっぱり学力のほうが……とかいう政治家が出てきたから上手くいかなかったと思います」

また、当時の社会情勢から国民の賛同も得られなかったと言います。

「1990年代は日本全体が割とバブルの反省をしたもので、もう成長じゃないよね、って思ってたんですよね。だから、ゆとり教育って一般の国民が知るようになったのは90年代半ばぐらいなのだけど、そのときはすごい支持率高かったんですよ。新聞も素晴らしいって書いてくれて。でも残念ながらその5、6年後に小泉純一郎首相が出てきた頃から、ちょうどアメリカやイギリスでサブプライムローンなんかが流行りだしちゃって、金融資本主義っていうのが起こっちゃったので、みんながそれに流されちゃった、というところに敗因があったと思う」

しかし、問題はこれだけなのでしょうか。次節では、これらの主張を一つひとつ本田由紀さんの発言と結びつけていこうと思います。

教育の職業的意義——本田由紀さんに聞く

本田由紀さんは、教育社会学を専門としています。そして、現代の日本社会のなかでも、「仕事の世界は、正社員・非正社員を問わず過酷化して」いる上、「働く者たちは自らの深刻な事態を改善するための手段を手にしていない」とし、そのような状況を改善するためには、「働く者たちが自分たちの身を守るためのさまざまな手段を手にし、適正な働き方を実現するために積極的に声をあげるとともに、仕事に関するすぐれた力を発揮できるようにしてゆくことが不可欠である」と主張します（『教育の職業的意義——若者、学校、社会をつなぐ』〈ちくま新書・2009年刊〉）。その目標への教育の側からのアプローチとして主張されているのが、教育の職業的意義です。

ここではまず、寺脇さんとのインタビューで出たようなゆとり教育をどう考えるのかを伺ってから、教育の職業的意義についてお話を聞きました。

1 ゆとり教育の曖昧さ

本田さんがまず指摘したのが、いわゆるマスコミが様々な文脈で使う「ゆとり教育」の多義性でした。その「ポップな」フレーズによって、様々な具体的政策がイメージ本位でひとくくりにされたり、時と場合により異なる意味で「ゆとり教育」という言葉が使われたりしたということです。そして、その曖昧さは「ゆとり教育」だけでなく、そのスローガンである「生きる力」という言葉にも見られると言います。

それを如実に示す研究のひとつとして、『労働再審』第1巻『転換期の労働と〈能力〉』(大月書店、2010年刊)所収の堤孝晃さん(東京大学大学院)の調査があります。

学園都市にあり、周りに研究所がたくさんあるような進学校とされる中学校と、同じ県でもいわゆる進学校ではない中学校の教員が、文科省の言っている「生きる力」をどのような意味でとらえているかを丹念に調査したのです。すると、進学校では、普通科目で習ったことを生かして自由研究のようなことをしたり、将来の仕事につなげたりしていく力が「生きる力」だと考えていました。つまり、パワーポイントを使った発表などを通して、普通科目で習ったことを将来の仕事で「活かす力」としてとらえていたのです。一方、進学校ではない学校では、元気よく挨拶しようとか、日常的な振る舞いをこなす力が「生きる力」なのだと考えられていました。

このように、「生きる力」とは、各学校が置かれている個別の文脈に即して、全く異なる解釈を許してしまうような、曖昧なスローガンだったわけです。これを本田さんは「中央が勝手に思い描いている幻想に終わってしまった」、「社会設計に落とし込めるようなスローガンではなかった」、「それを無理やり政策に落とし込もうとして失敗した」と表現しました。

スローガンの曖昧さはまた、実際の教育現場にも差を生みました。本田さんはそれを格差だと言います。「確かに、進学校の生徒たちはホワイトカラーの職業に就く確率が高いわけですし、農村のそれほど学力の高くない地域では、高卒で親の仕事を継ぐかもしれないし、そういう将来を見越した教育をするのがいいのかもしれません。でも、これはやはり明らかに格差じゃないですか。同じ中学生の教育が、地域や環境によって違っているわけですよね、『生きる力』という言葉に隠されて。もしかしたら進学校ではない学校に通う子のなかにも知的に優れた子がいるのかもしれません。生活習慣を重視して進度などをあまり考えない学校に行くことで、この子の芽は摘まれちゃったかもしれないですよね。教員が『生きる力』をどうとらえるかによって、振る舞いが違ってくるのです」

一方で、寺脇さんが強調していた成長社会（受験中心の教育）からの脱却、つまり社会の変容をとらえるという側面では評価をしていました。総じて、「そういう曖昧さを許容しているという点で、教育界全体を牽引するスローガンとしては、『生きる力』は失敗していたと思います。ただ、失敗していたと言っても、それ以前の１９８０年代の受験競争、受験学力中心の閉塞状況に、風穴を開けることは必要だったと思います。ただし、そうした状況を変えるために施策が導入されたりスローガンが掲げられたりした、それが十分に成功したかと言うと疑わしいと思います」。

2 キャリア教育の評価

現在、文部科学省に設置された「キャリア教育推進委員会」に代表されるように、キャリア教育がこれからの教育のひとつの潮流になっています。寺脇さんへのインタビューにおいても、小中学校における体験が重要であるというお話がありました。

しかし、本田さんは小中学生の職業体験に対し、「行けば知ることができるかというと、そんなことないと思うんです。その業界がどのようなシステムや仕組みや基本法規で成り立っていて、そこで実際に仕事をするにはどのような頭の使い方が必要で、何に気をつけていて、何が面白くて働いているのかっていうのは、それこそ、ちゃんと設計したカリキュラムがないと伝えられるわけがない。例えば、『ジョブ・シャドウイング』(子ども向けの職業体験プログラムのひとつ)などが言われていますけれども、それで得られることなんて、ごくごく一部にすぎない。しかも小学校や中学校の職場体験は、『体験』なので出来る職業が限られているでしょ。例えば、製薬業界とか法律事務所などは、中学生では『体験』できないので、対象にならない。だから実際に中学生が行っているのは、ペットショップだったり、ジェラートショップのような、何か中学生が体験したような気になれるところが選ばれているわけでしょ」

実際にその職に就いたときに必要とされる知識、つまり現場での動き方はもちろん、自身の労働環境を守るための法知識などを得るためには、実際に現場に赴くのではなく、ちゃんと作りこんだ、細部まで配慮の行き届いたカリキュラムを作らなければならない。ここにも「ゆとり教育」への反論と同様に、その曖昧さの指摘が見られます。確かに職業を体験することで得られることがあるかもしれませんが、ただ「行く」だけではあまりにも得られることが断片的で不安定です。体験する職種やそれとの相性によって、何かを得る人がいれば、得られない人もいるでしょう。得られることも人によって異なり、それが将来どのように役に立つかもはっきりしません。そうではなく、教育には全ての生徒に向けた綿密さ、繊細さが必要とされるのです。本田さんはこうまとめました。

「自分でやりたいことを見つけろ、というのが、今、文科省が言っているキャリア教育のメッセージですよね。自己分析が重要で、自分の適性を発見するのが重要で、自分のキャリアをこれから設計していく力が重要で、といった理想論を言っています。それが理想なのは分かったけれども、じゃあ実際にどうしたらいいのか分からない、と言う子が山のようにいる。それはあなたのせいだと言ってしまえば、そこで話は終わってしまうじゃないですか。政策を通じた変革を考える立場の人間は、そういう子を見下げて、見捨ててはならないのです。そのときに、投げ捨てるのではなくて、その先に、もっと教育というシステムを是正する余地があるだろうと、そうするべきだと私は思うのです」

3 教育の職業的意義

「濃淡は様々であってかまわないが、それぞれの高校やそのなかの学科・コースが、何らかの特色ある分野に軸足を置いた教育ができるはずです」

本田さんは、これからの教育のあり方について尋ねたときにそう話しました。

具体的には、専門高校（専門学校ではなく、普通科と対比される高校）、普通科専門コース

を指していきます。(普通科福祉コースなど)といったような、ある程度、専門的な高校をより増やしていくこと

これによって本田さんが解決しようとしている問題がいくつかありますが、そのうちのひとつが、普通科の割合が高い現状での進路選択の問題です。

「日本の高校は他の先進国と比べても一番と言っていいほど普通科の比率が高い。さらに、普通科のなかでは分野別に分かれているのではなく、学力ランクで分けられている。そのなかで、一番自分が通りそうな大学を偏差値で並べて、自分の学力水準に応じて進学先を決めるという方法が、いまだに多いですよね。また、底辺の学校では、一般入試は成功確率が低いからといって、AO入試や推薦入試が多い。どちらも内容重視の進学ではないですよね。自分の学力水準や推薦で、とにかく自分の行けるような進学先があればいいという姿勢の進路選択が今なお支配的ですけれども、そんな選び方ではなくて、学ぶ内容に則した進路選択をするためにも、分野別の教育を高校段階からしておいたほうがいいと思うんです」

そういった進路選択の背景には教育格差なども見えます。普通科という名前のもとに、成績によって並べられ、ひいては進学先・就職先まで決定されるという問題も引き起こします。高校段階から、ある程度、分野別に専門化した教育を受けることで、各自が独自性を持ち、「格差が一元的なピラミッドになってしまっている普通科を、90度倒して、分野別に水平に近い形

で並ぶような構造にしていきたい」と、説明します。「アンケート調査を見た結果では、分野重視の実体験に基づいたような進路選択ができていない。高校時代にある分野について学んでおくことで、その先の進路選択を実体験ベースで自分と世の中をすり合わせていくことができるのではないか、というのが、私が今考えていることです」

そして、実際に、「その先の進路選択を実体験ベースで自分と世の中をすり合わせて」進路選択をした例として、普通科福祉コースの教育についての研究があります。そこでは高校時代に福祉を学んだことで、介護へ進む人がいるのはもちろん、他人の世話をするのが好きだと思ったが、ただ自分は小さな子どもの面倒を見たいからと保育へ進学した人、福祉に行ってどれだけ介護が大変かよく分かったので工学部に行ってケアに役立つような機械を作りたいという人など、学んだことを現実とすり合わせて柔軟な選択をしていることが分かります。

インタビューを経て見えたもの

まず、今までの議論を振り返ってみたいと思います。ここまで議論されたのは「ゆとり教育」でした。成長社会の終焉を見つめ、成熟社会への変化をとらえたという点で寺脇さんの「ゆとり教育」は大きな意味を持っていたと言えます。しかし、その成熟社会をしっかりととらえ、実際の政策に落としこめるような理念やスローガンを表明するという段階でいくつかの失敗があった、このように言えると思います。まさに前節で示された『労働再審』の研究結果は、その理念の曖昧さを明確に示していました。ここでは、寺脇さんの分析にあったような具体的政策の失敗だけでなく、理念やスローガンの確立における失敗が根底にあったという指摘が、私はおもしろいと感じます。

キャリア教育にも触れました。一体インターンシップで得られるものは具体的に何なのでしょうか。むしろ学校内で学ばせるべきことがあるのではないかという本田さんの主張には納得させられました。ここにも、「キャリア教育」に欠ける具体性を指摘し、分野に根差したより細やかなカリキュラムであるべきだという主張が見えます。

最後に、本章の冒頭において、私は、自身が受けてきた教育(つまりはマスコミで言われる「ゆとり教育」)を形作った考え方を明確にすることで、これからの自分に必要な、教育を考えるための判断材料としたいと言いました。ですから、私なりにこのインタビューを通して得られたことを抽象化し、高校生にとって実用的にしてみようと思います。

おそらく、お二人のインタビューから学べることは、「理念を語る」ことにおける「具体的に想定する」ことの重要性ではないかと思います。

例えば、「国際的リーダーを育てるための教育」を目指して「英語教育を充実させるべきだ」という発言に出会ったとき、確かにその理念のためにはその教育が必要だという構造は成立しているように見えます。しかし、「英語教育の充実」を具体的に想定したとき、それは英語の授業時間を増やすことなのか、あるいはネイティブの教師を増やすことなのか、つまりはどのような英語教育が「適切」なのかという議論が現れます。結局それは、「国際的リーダー」という理念が、実際の教育に十二分に耐えうるだけの理念か否かを問う議論に至るでしょう。これは、ゆとり教育をめぐる議論において「成熟社会」が「競争社会」のアンチテーゼとして支持を得やすかったがために、その具体性への注意が散漫になってしまっていたことと似ています。「理念は間違っていなかったが、運用で失敗した」のではなく、そもそも理念そのものが不安定であるという欠陥を抱えていたのです。言葉の定義のレベルから堅実で、常に運用を見据えた理念こそが「正しい理念」足りうるのだと思いました。

教育、そして変革が語られるとき、そこではスローガンや理念が前面に押し出されます。そこで目の前に並べられた選択肢から選ぶ前に、耳触りの良い理念に対して厳しくありたいと思いました。

第2部

座談会

今、新聞で発信することの意味

第2部は、灘校卒・新聞委員会OBでもある現役記者と第1部で記事をまとめた3人の高校生とのクロス・トーク。社会全体が「新聞離れ」に向かうかのような時代にあって、学校新聞の存在意義や「新聞」にこだわる理由はどこにあるのか、を語りあい、さらには、第1部の各記事について、より深く掘り下げました。

比護遥

ひご・はるか
灘高校3年生・新聞委員会委員

小園拓志

こその・ひろし
北海道新聞社・編集局報道センター記者

村上太一

むらかみ・たいち
灘高校3年生・新聞委員会委員

司会：前川直哉

まえかわ・なおや
灘校教員・新聞委員会顧問

吉富秀平

よしとみ・しゅうへい
灘高校3年生・新聞委員会委員

※所属・肩書きは、いずれも当時のもの。
また、注釈は、前川が付した。

僕たちの新聞委員ライフ

前川　記事を書いた3人のそれぞれの紹介から始めましょう。新聞委員会でどういう活動をしてきたかも含めてお願いします。

比護　新聞委員会に入ったのは中学3年生からで、[注1]前川先生から勧められたのが直接のきっかけです。小学生の頃から新聞を読むのが好きで、新聞委員会に入ってからは、書くことにはまって、色々な記事を書いてきました。印象に残っている記事は、「シリーズ学校教育」という連載記事です。連載は全7回で、海外進学とか、不登校とか、毎回ひとつテーマを決めて、学校内外の色々な専門家や実践者の方々から話を聴きました。人によって色んな意見や思いがあり、様々な角度からテーマの本質がつかめてきたのは、刺激的でした。

前川　小学生の頃から新聞を読んでいるということですが、今も新聞は毎日読んでいますか。

比護　毎朝、少なくとも1紙は読んでいます。最近は、通学中に読んでいますね。今は、名古屋から新幹線で通学しているので。[注2]

小園　高校生で毎日読んでいるというのは、今やめずらしいですね。大人でも電車内で読んでいる人たちは減っていますし。

前川　何紙かを読み比べたりしているの？

比護　毎日ではないですが、2紙読んでいます。朝日新聞と地元紙の中日新聞。カラーの違いがあっておもしろいです。

小園　2紙を読み比べた感想は？

比護　特定のテーマについて2紙の違いがあるというよりも、それぞれの新聞が得意とする分野があるのかな、と思っています。朝日であれば、国際面とか政治系のスクープをとってくるのが多いなとか、中日であれば小さいけれど目のつけどころ、他紙が取り上げないだろうな、というテーマを取り上げるところがいいなと思うことがあります。

前川　なるほど、興味深いですね。次に村上君。

村上　中学2年生から新聞委員会に入っています。当時は、僕以外に高校2年生が3人、その他に僕と同じ中学2年生が1人という、委員会が傾く寸前のときに入りました。今入ったら、将来、委員長を狙えるのでは、という不純な動機も混じっていましたが……（笑）。

新聞委員会では、OBインタビューを担当しました。土曜講座[注3]などで学校へ来られる方々に、職業についてインタビューをしてまとめたものです。僕のひとつ前の先輩から引き継いで、高校3年となった今は無事に後輩に引き継いでいます。この連載を担当するにあたってのポリシーとして、医師と弁護士以外の、特に文系寄りの人にお願いするようにしたんです。いかにも灘校の出身ではなさそうな人から話を聞こうと考えてやっていました。

前川　委員会に入る前から新聞は読むほうでしたか。

村上　中学生の頃は、がっつり読むというよりは、パラパラと、おもしろそうな記事を読む感じでした。新聞のレイアウトとかに目を向けるようになったのは、高校生になって自分が記事を作る側になってからですね。

前川　読んでみたら割とおもしろかったですか。

村上　読む人ってこういうふうに読むんだなということが分かったというか……記事を最後まできっちり徹頭徹尾、読むわけじゃない、見出しとリードだけ読んで、流し読みするものだな、と。

小園　そうそう、私たちもそこに気を遣って書くわけですよ。途中で読むのをやめてもいいように、あるいは最後まで読んでもらってもどちらでもいいように、と両方に配慮して作っています。リードだけで8割分かるようにしますが、詳細についても、反対意見を入れたり最後まで飽きられないように書きます。

前川　では、吉富君。

吉富　新聞委員に入ったのは、高校1年生の冬でした。もともとは新聞を作るということにあまり興味はなかったんですが、高1の夏の土曜講座がきっかけで、自分自身は理系だったので、社会科学系に関心のある「文系少年」ってどんな人たちだろう、と興味を持ったんです。加えて、友達の比護くんが新聞委員会で活躍しているのを聞いたり、僕自身がディベート同好会に入っていたりしたことがきっかけで入りました。

自分は、決まった連載を持っているわけではなくて、時どき頼まれたら書くという感じでした。最初に書いた記事は、性教育についてでした。本校で保健体育を担当されている長谷川勉先生や、日本の性教育研究の第一人者である村瀬幸浩先生にインタビューして、学校の外にも取材に出かけました。

THINK NUKE[注4]の活動を比護君とやっているのですが、そのなかで原発の話を新聞記者の方に聞いてみようということで、プロの新聞記者の方と交流することがありました。そのなかで、中立な立場でものを伝えるのはおもしろいな、とも思いました。

小園 新聞を読むことには関心はありますか。

吉富 朝、食卓に置いてある朝日新聞の1面を見るくらいですね。気が向いたら、4コマ漫画を読むくらいです。

村上 ちなみに、僕のところも朝日新聞をとっています。

前川 灘校生は、アンケート[注5]によると、朝日新聞をとっている家庭が一番多いんですよね。

小園 今や、新聞をとっている家庭は減っているので、3人の家庭はもはや少数派に入るのかもしれません。残念ですが。

1　中高一貫校である灘中学校・高等学校（まとめて「灘校」と呼ぶことも多い）では、クラブ・生徒会においても中学・高校の別なく、ひとつの組織として活動していることが大半である。新聞委員会でも中1から高3までがともに「灘校新聞委員会」に所属しており、そこで編集・作成される『灘校新聞』は中高の全生徒に配布される。

2　灘校は校区を定めない私立校であり、近年では近畿圏以外から新幹線などで通学する生徒も珍しくない。

3　灘校の総合学習の一環として毎年6月・10月の土曜日に実施される特別授業。「物理学の最前線」、「政治報道の裏側」など、各界で活躍する卒業生を中心とした校外講師による講座や、体験型・実習型の講座、フィールドワークやワークショップなど、年間60前後の講座が用意されており、生徒は自分の興味関心に合わせていくつでも受講することができる。

4　比護君と吉富君が高校2年の夏（２０１２年7月）に立ち上げた、高校生によるビデオメッセージ投稿サイト。「原発、高校生の声を聞いてほしい」を合言葉に、再稼動への賛成・反対の両方を含め、様々な意見を高校生たちが語り合える場を作りたいという思いから生まれたこのサイトは、ＮＨＫや新聞各紙など、多くのマスメディアに取り上げられた。サイトのＵＲＬアドレスは、http://thinknuke.tehu.me/

5　２０１２年5月に行われた灘校文化祭に先立ち実施された、灘校新聞委員会による全校アンケート企画の結果より。

新聞離れは、学校新聞にも。

小園　現在の灘校新聞の基礎的なデータを教えて頂けますか。

村上　必ず出す定期版が年に4から6回。文化祭（5月）と体育祭（9月）のとき、2月の卒業式、1学期末（7月）の生徒会選挙明け、11月の学芸祭明けという頃です。臨時号は、出たり出なかったりです。形式は、4面か6面のB4タブロイド判です。

だいたい、発刊日の1、2か月前に話し合って内容を決めていますが、だいたい1面は行事の話題。最近は、それ以外の話題を載せるべきではないか、という議論もしているみたいです。それから、「シリーズ学校教育」や「（灘校）OBインタビュー」のような連載記事、さらに、時事問題についても小さな記事を入れたりしていますね。351号（2012年7月号）から中身を大きく刷新して、見出しや写真の入れ方を変えたりして普通の新聞に近いもの、「読まれたい、読みやすい」というものを目指して作っています。

読者は、灘校の生徒と教職員ですが、文化祭や体育祭のときには、校門で外部のお客さんや保護者に配布しています。部数は少なくて1500から1600部、多いときで7000から8000部刷るときがあります。

前川　受賞歴としては、全国コンクールで奨励賞も頂いたことがありますね。今日の時点で最

(1) 第352号　灘校新聞　2012年（平成24年）12月19日（水）

活躍の場は世界

科学五輪　物理 金 化学 金 生物 銀 地学 銀 数学 銀

英語ディベート 世界ベスト8

「IDEA Youth Forum」にはっぴを着て参加する（左から）吉井一希君、横正宏君、引率のマーク・エインズリー先生、南藤優明君、大森亮君。＝7月6日、メキシコ（吉井君提供）

高校学芸祭

熱演 同点1位

中学合唱 3－1優勝

足かけ

灘校新聞

灘校新聞

新号が、356号。昭和20年代から刊行を続けています。

小園　ちなみに、取材費用はどうしているんですか。

村上　全部自腹ですね……。

前川　これは昔から変わっていません。ただ、今は、電子メールでのやりとりができるようになったので、学校外の方への取材はやりやすくなっています。

小園　私が新聞委員会にいた頃とは、様変わりしているんですね。[注6]他の学校の新聞委員会との交流はどうなっていますか。

比護　関西地区の新聞部が集まって話し合うことが、以前にはあったと聞いて、自分たちで企画してKNU（関西ニュースユニオン）[注7]を始めました。

小園　なぜ始めようと思ったんですか。

比護　新聞について話せる場があまりなくて、灘校の新聞委員会も当時はたった4人だったし……。単純に新聞について話して、交流するだけでもいいし、できれば新聞技術について意見交換もしたいと思いました。今年の3月までで4回集まって活動しています。始まったのは、僕が高校1年生の2月からです。

小園　雰囲気的には、うまく回って来ている感じですか。

比護　うーん、正直なところうまくいっているとは言えないですね。まず、各高校に新聞部があまりないんです。

小園　新聞部がある高校が減って来ているということですか。

前川　数は減ってきています。学校新聞を発行していない学校が増えている。私が高校在学時、新聞委員会にいた頃も、KNA(関西ニュースペーパー・アソシエーション)という活動をやっていましたが、当時は新聞部があった学校でも、今はなくなっているところが非常に多いですね。

比護　KNUを立ち上げたときに、新聞部があるという20校ほどに電話をしたのですが、15校から「ない」と言われて……。結局、KNUに関わったのは、7、8校ですが、そのなかでも、部員が継続的に活動を続けているところはさらに少ない。

小園　今は、学校新聞を取り巻く状況が劇的に変わっているんですね。

それでも新聞にこだわる理由

前川　そんな環境のなかで、新聞を刊行している意義とか自分たちの役割をどう捉えていますか。

村上　新聞委員会は、灘校生徒会の規約上では、他校で生徒会執行部などにあたる中央委員会と、代議制をとっている評議会とを監視する機関とされているんです。いわば三権分立という形式です。そのことは紙面づくりにも表れていて、最近の記事で言えば、任期が終わったときの生徒会役員のマニフェストに照らしての評価をしたりしています。

6　小園さんは灘校卒業生であり、在学中は新聞委員長を務めていた。現在の顧問教諭である前川も灘校卒業生であり、小園さんの一学年上で、新聞委員長であった。

7　関西で学校新聞作成に携わる高校生が集まり、新聞作成技術などについて広く話し合うための組織として結成された。運営は全て、高校生たち自身の手で担われている。２０１２年2月に灘高校で開催された第1回の総会には、6校から30人が参加した。後に出てくるＫＮＡは１９８９年6月に結成され、90年代後半まで続き、最盛期には30校以上の参加があった。

小園　（マニフェスト採点記事を見ながら）これ、めちゃくちゃ辛口だよね。

村上　最近は、あまり目立たない活動に光をあてることを主眼にしています。マイナーだけどとても興味深いもの。例えば、鉄道研究部の鉄道模型が受賞したニュースがあります。それが、僕たちの後輩たちにも引き継がれていくかどうかは今後の課題ですが……。

比護　鉄道模型の場合は、賞をもらったからまだ分かりやすいけれども、本当に頑張っている人を見つけるのはなかなか難しいですね。

村上　一番の課題は、委員の活動範囲、取材範囲がまだまだ足りないこと。学年に委員が一人もいないところもあって、学校全体の情報を広く集めるには、委員の数が不足しているな、と。

小園　ゆるい連携はできないのかな。吉富君みたいに依頼されたときだけ、書きたいものを書ける人を置いてみるとか……。

比護　でも、僕たちの代では、結局、吉富君しかいなかった。

前川　委員の人数が多くても、実際に動く人は少ないという問題もありますね。彼らが一番気合いを入れて作った新聞がこれです。昨年の11月号。1面トップが、科学オリンピックとディベート大会。肩（1面左上）に、高校学芸祭の結果とその関係での中学委員長のインタビュー。それから2・3面には、科学オリンピックの続報と体育祭、鉄道模型コンクールなど、学内のニュース。特集として、なぜ本校はスーパーサイエンス・ハイスクールの指定を受けないのか、

新聞委員会での新入生の取材体験

ということに紙面を割いています。これは校内の先生へのインタビュー中心。そして4面が、OBインタビューと「シリーズ学校教育」。こちらはむしろ学校外への取材に依っています。

小園　これでひとつの到達を迎えたんだと思いますね。どうしても学年が変わると見劣りするところがあって、学校なので、毎年やる人が変わっていくというのは大変なところですよね。普通に新聞をあまり見ていない人がこの紙面を見ると、同じように見えるかもしれないけれども、全然違う。皆さんの後輩は新聞を読んでいない人の割合が高まっているはずだから、さらに課題があるんだろうなと思います。

前川　確かに、我々が新聞委員だった頃、だいたい20年前に比べると、今の中高生は、新聞に触れる時間は減っていると思います。ただ、携帯・スマホなどで情報に触れる量自体は多い。そして、我々の頃は世に自分の意見を出したいと思ったら、新聞くらいしか出せなかった。だから、新聞委員会に入って作る。でも、今は、ブログやSNS（ソーシャル・ネットワーク・サービス）で自分の文章を発信することができる。そういうなかで、あえて新聞に身を置いている3人の話というのは興味深いところがあります。

吉富　見てもらえる範囲であったり、扱うテーマであったりと、新聞なりの特色というのは絶対ある。ブログやSNSなどでの情報発信と、新聞での情報発信とは違うというのは、自分でもやってみて思うところがあります。特にツイッターなどのSNSでは、あまりじっくり読まれないと思って、自由に一貫性なく書くことが多いです。一方で新聞では、いったん立ち止まって、色々な人がじっくり読むことを前提として記事を書きます。だからこそ、インタビューによって違った視点を入れたり、自分の意見をまとめたり、紙になって残るというのは違うことだな、と思います。

前川　実際に自分の文章が紙になったときはどう思いましたか。

村上　「村上太一が、灘校で何をしたのか？」と問われて、「自分はこれを書いたんだ」と言える。灘校にひっかき傷くらいは残せたというのがすごいことかな、と思います。

前川　なるほど。それは、ネット上で書いたのとはちょっと違う？

村上　ネットだといつでも消えるし、消せてしまう。新聞は、永遠に残る。

前川　確かに、30年、50年後でも、「これは俺が書いたものだ」と見せることができる。

小園　私が、灘校新聞で、その記事を書いていたときに何を思っていたかというのは、忘れてしまうものですが、実家に帰ったときに自分の記事を読み返すと思い出すことがあります。今とは全然違う考え方をしているところもある。そのときのほうがしっかり考えていることがある。融通がきかないということもあるかもしれないけれども……。

つい最近の灘校新聞記事でおもしろいな、と思ったのは、柔道の対外試合の記事です。試合には負けたけれども、得意技で一矢報いた点を丁寧に描いています。この記事は、すごくおもしろいなと思ったんですよ。というのは、試合の勝ち負けだけを追っていると出てこない視点で、そこで起こっていた、そこにいた人だけが感じ取れることが記録されている。

一般の新聞との関係で言うと、常に、僕らは「記録している」。僕ら、プロの記者としてもそういうこと、いわば「息吹を伝える」ということを考えています。北海道新聞は、北海道内で圧倒的なシェアがありますが、取材する「その人がそこに生きていた」ことを記録したいと思わされる場面があるんですよ。

例えば、4人家族がいて、妻が癌になって、息子が、癌が分かる前までは、だらだらしていたけれども、癌が分かってからは、家のことをしてくれるようになった、という話があるとします。それは、いわゆる「ニュース」にはならないから、見出しは立たないけれども、そういうことがあったということを、どこかに残しておきたいと、私は思うんですよね。そして、それを載せるために、何をしたらいいのか、既存の欄がいいのか、どういう組み立てが必要なのか、ということを次に考えます。それは、紙面があるからじゃないかな、と思うんですよ。

フェイスブックだと、昨日こんなおいしいものを食べたとか、どこに行ったとか、そういう出来事が並列にただダラダラ流れて行く。本当に良いものの、本当の良さが伝わらない。起きたことが平準化してしまうというか、同じ価値になってしまう。そうではなくて、紙面のなかに小さくても載っているというのは「載せたかったから、そこに残そうと思ったから載せた」ということになる。紙面があるから、そこに書きたくなるんです。新聞にはそういうところがある。

北海道新聞には「まど」という欄があって、11文字×44行の欄に「ニュース未満」を伝えることを大切にしています。灘校新聞にもそういう欄があってもいいのかもしれないですね。半歩頑張った話とか、試合で徹底的に負けてしまったけれども、そのなかに何かあるかも知れないとか。そうすれば、爪痕が残せる人の数が増えて行くことになりますね。

「犠牲のシステム」は変えられるか？

前川 では、皆さんが担当した記事をひとつずつ、小園さんと見ていくことにしましょうか。

小園 まず、比護君の記事から。原発問題から民主主義に結びつけるというのは、非常に難しいテーマだと思うので、よくまとめたなという印象です。その上で、まず聴きたかったのは、

「水俣の失敗は繰り返されたか?」とありますが、何をきっかけに原発と水俣の問題がつながると考えたのでしょうか。

比護 日本史の授業で取り上げられたのがきっかけでした。水俣の話を取り上げたときに、原発のことにも触れたんです。その後、報道にも注目していたら、大きな記事ではありませんが、同じ視点で書かれたものがありました。

小園 ここでは、福島と水俣の話をつなげて民主主義について書いています。民主主義の機能不全ということを考えると、それ以外の問題でも現れているんじゃないかと思いますが、例えばどんな問題がそうだと思いますか。

比護 米軍基地の問題や他の公害の問題などもあるかと。

小園 そして、高橋哲哉さんの「犠牲のシステム」に触れるわけですが、このシステムは存在することが仕方ないことなのか。それとも変えることができるんでしょうか。つまり、そのシステムがよくないものであれば、ひとつはそのシステムを変革させるというやり方があり、もうひとつは、システムは存在したままだが、セーフティネットを作るかたちがありうると思います。比護君は、どちらがいいと思いましたか。

比護 「犠牲のシステム」という確固たるシステムがあるというよりは、何かの問題の構造を考えたときに、それが犠牲のシステムになってしまっているというのが、僕の認識です。ただ、その構造をどうするかがものすごく難しい。今でもよく分かっていません。少しでもそういう構造を緩和していくという感じで、やれることはあると思うんですけれど……。

小園　例えば、どういう方法がありますか。

比護　この記事自体は、民主主義を前提にしている、それに希望を持って書いています。先日、友達に「そんなこと言っても、エリートが、うまく行き渡るように考えたほうがいいんじゃないの」と言われて、非常に反論しにくかったんです。確かに、政治家や官僚といったエリートには考える責務があるとは思います。でも、国民が犠牲のシステムを是認しているのであれば、それにエリートも従わなければならないだろうし、今ある民主主義を前提とするのであれば、対話しつつ、国民自身が考えていかなければならないというのが、今回の結論です。

小園　吉富君は、この点、どう思いますか。

吉富　現状の問題を指摘するというか、今ここを見て欲しい、注目を集めるための活動の一貫として「犠牲のシステム」という言葉は的確だし、必要だと思います。ただ、民主主義について議論するときに、犠牲のシステムというひとつの土俵だけで議論できるほど、このシステムの観念は明確なものではないような気がします。

小園　たぶんこの言葉が意味するところのひとつは、少数意見が尊重されていない、ということだと思うんですよ。吉富君は、少数者の尊重はどうやっていったらいいと思いますか。まず、尊重するかどうかも含めて。

吉富　少数者の意見を尊重する必要はあると思います。これは、倫理的な問題に近いと思いますが、一部の人たちがどうなっても、自分だけが幸せならいい、と心から思える人はいないと信じています。少数者の意見が尊重される社会のほうがいい社会だとは思います。それを前提にした上で、どう少数者意見を尊重するかについては、今、湯浅誠さんの本『ヒーローを待っていても世界は変わらない』（朝日新聞出版、２０１２年刊）を社会科の授業で読んでいて、僕たちがＴＨＩＮＫ ＮＵＫＥでやったことと近いことかもしれないなと思っているところがあります。すごく広い範囲、つまり国政的な目線から意見を吸い取る、少数者の意見を聴くというのは難しいかもしれないが、小さいコミュニティーであれば可能かな、というイメージです。例えば、原発の問題であれば、住民投票が行われたところなど、地元での議論が活発なところが実際にあるそうなので、そういうところの経験に学ぶとか……。

小園　もっと狭い範囲で議論していくのが、少数意見の拾い上げにつながっていくのでは、ということですかね。

吉富　はい。あとは意見の闘わせ方というか、みんなが自分の要求よりも、「こうあるべきだ」という主張に変えたらいいと思っています。少数者に不利な政策が導入されるのは、それぞれの個人的な要求が衝突しあった結果、多数決でしか現実的な解決が望めないという事情があると思います。それよりは、全体のことを考えて、こうあるべきだというかたちの意見投票に変えれば、理想とする民主主義の社会ができるかな、と比護君の記事を読みながら思いました。

政治参加の具体的な進め方

小園　村上君は？　少数者の意見を聴くというのは、ジェンダーの問題ともかかわりがあると思うけれども。

村上　ジェンダーで言えば、社会の重要な意思決定を全部、男性がやってしまっている。構造として少数意見が吸い上げられていかない、ということは同じだと思います。先ほど吉富君が挙げた湯浅さんの本に書いてありましたが、そもそも貧困で苦しんでいる人が選挙にいく暇がない。まずそういう人が、選挙に行けるように、つまり、インフラの部分を整えないとダメだと。なるほどな、と思いました。

小園　余裕がないということですね。今日もらえる日当8千円と投票だったら、8千円をとりますよね。インフラ整備というのは具体的にはどういうものですか。

村上　選挙について言えば、投票行った人に手当をあげるとか、有給休暇とするとか。

小園　なるほど。日本の場合は、議会を作るか、選挙権のある人全員が集まって多数決をとる「町村総会」か、二つしかできない。後者は、東京の宇津木村などで例がある。また海外で言えば、アメリカでは、郡ごとに地方自治の制度が違う。そういう色んな方法があるので、調べてみたらヒントがあるのかな、と思いますね。

政治参加というのは、質的にも量的にも色んな方法がありうると思いますが、例えば、投票さえすれば、政治参加を１００％満たしているのでしょうか。投票以外の方法がありうるでしょうか。

比護　現在が、政治参加がゼロの状態で、これを１００にしようという話ではないという認識です。ただ、投票は頻繁にあるわけではないし、最終手段だから少数意見が含まれにくい。例えば、ＴＨＩＮＫ ＮＵＫＥのようなことを、より多くの人がやるというのもひとつの方法だと思います。また、少数者の意見を聴くというのでは、新聞とかジャーナリズムの役割もあると思います。そういう他の方法の割合をどれくらい増やしていけるか、ということかと。

小園　具体的に、政治参加には他にどういう方法があると思いますか。私は、都市部と農村部ではイメージが違うはずだと思っているんです。地方にいると、後援会活動が重要。都会だと議員や首長になかなか接しないと思うけれども、地方に住んでいると特定の議員さんや首長さんに直接自分の意見を届けることは結構、一般的だと思います。政治家自身に直接お願いして何かをやらせるということは意外とできる。地方出身の議員が主張していることの多くは、後援会から出てきた意見なのではないかなと思っています。もっと色んな政治参加の方法はあって、その人の住んでいる場所によっても、その方法は違ってくると思うんです。そこで、少数者の意見の尊重のやり方も違ってくるかな、と。

もっと言うと、政治家は現実に何が起きているかを実はよく知らないところがあるんですよ。具体的なことを話すだけで、「そんなことあったの、おもしろいね」ということで問題解決することがある。政治家の側が、身近な支持者の言うことばかり聞き過ぎてしまうと問題になるけれども、問題の提示という意味で議決権を持っている人に直接働きかけることをもっとやればいいのに、とは思います。そのあたりにヒントがあるかな。そういう部分が出てくるとこの記事にも深みが出てくるかなと思いました。

それから、もうひとつ。記事のなかでは、政治判断を科学者に丸投げしていることについて批判しているわけですが、だとしたら、誰がやったらいいのかという問題があると思います。「政治家に任せてもね」という雰囲気が今の国民のあいだにはある。比護君は、今の政治家を信頼していますか。

比護　うーん……それなりにやっているのだろう、とは思いますが、信頼とまで言われると難しいです。確かに、政治家を後援会などで直接知っていたら信頼できるかもしれませんが、自分は新聞などで知っているだけですし……直接関われるようになれば、もっと信頼を持てるかもしれませんね。

小園　原発の再稼働の問題で言うと、安全かどうかを判断するのは、科学の観点でやるほうがいい、政治家よりもましなんじゃないの、と考えている人は多いはずです。だから、科学者に丸投げしているのは悪いことだけではないとも思うんですよ。

比護　でも、科学者はどれくらい危険かは判断できますが、その上で再稼働するかどうかは、政治的な判断になると思います。リスクが何パーセントというのがあっても、その上で電気料金が上がってでもそのリスクを下げるのか、またはその逆か、そのあたりは政治的判断だと思います。科学者に任せることはできない。だから、そこに国民が関わる部分があると思います。

小園　そうすると、情報開示がもっと進まないと、という結論になるのかな。政治家が判断するということは、すなわち国民が判断するということになる。そうすると、国民には十分な情報があるでしょうか。

比護　色々ありすぎて分かりにくい、というのが実感だと思います。そういう情報を分かりやすいようにして、考える機会を持つ必要があるだろうと思います。

吉富　例えば、事故調査委員会が出している情報があるけれども、読んでも理解できないというのが大きな問題じゃないでしょうか。科学者のなかでも意見が分かれていたり、科学という名前に収まらない情報もある。そういうところが、政治参加しにくい原因のひとつかなと思います。

村上 ちょっとずれるかもしれませんが、なんとなく世間の様子を見ていると、それ以前の問題で止まっている人もいるかなと思います。「シーベルトやベクレルが何？」というような、自分でちょっと調べたら分かるようなことも、偉い先生が教えてくれるのを待っている人も多いのではないか、という印象が、テレビなどの報道を見ている限りではあります。

小園 伝える側の努力不足かなということですかね。それから、国民投票についての賛否とその理由について聞きたいのですが。

比護 今回、賛否両方の話を聞いたので、判断は難しいなと思いました。どちらかと言うと僕は反対かな、と。書いた記事のなかで古田あずささんが言うように、投票に参加すれば政治参加するようになるということは分かります。でも、その結果は覆せない。十分なくらいに議論ができて、投票ができたならばいいと思うが、どうなるか分からない以上、劇薬だと思います。劇薬が必要になる場面もあるかもしれませんが……。

吉富 僕も反対です。一時賛成だったこともあるけれど、個人の利益に基づいて投票してしまうことになるのではないか、とイメージしてしまうので、今は反対です。

村上 賛成しづらい……反対ですね。数の差の問題になってしまうかなと。

小園　少数意見の尊重と逆になるかなということですかね。

村上　そうですね。

比護　古田さんの言うリトアニアとかスイスの例では、十分な議論が成り立っているというので、そういう環境であれば国民投票はいいと思います。

小園　国民投票ができる環境とそうでない環境があると……なるほど。それは、自分が取材していても感じていますね。日本国内で、取材のために町で話しかけても「そういう問題はあまり……」という人が多いように感じますね。

吉富　国民投票のメリットとして、そういう人たちがより深く考えるということはあるだろうと思います。

比護　でも、それがどこまで広がるかですね。

ジェンダーは価値観の問題

小園　次は村上くんの記事です。まず気になったのが、「隠れたカリキュラム」[注8]という言葉です。この存在については仕方ないものなのか。それとも弊害をなくしていくべきだと思いますか。

村上　おそらくゼロにするのは難しい。けれども、なくすための努力はすべきだと思います。

人間が人間を教えているのだから、ひとつのカリキュラムを消しても、新たなものが出て来るでしょうが……。隠れたカリキュラムを作り出すのは、教師の存在が大きいと思います。先生の発言がカリキュラムを作り出す主な原因のひとつかなと思う。例えば、先生が「オカマって、きもい（気持ち悪い）よな」というような差別的発言をすると、差別を助長する、というような。言っている先生は、本当に差別的な考えを持っているわけではなくて、単に笑いをとれるからくらいのつもりで言っていることが多いとは思いますが……。教師に、隠れたカリキュラムがあると認識してもらうような仕組みがあれば、例えば、教員採用の際に教えるとか……。そうすれば多少はましになるかなと思います。

小園　私が住んでいる北海道のことを考えると、上野千鶴子さんが言うような「男子は大学で女子は短大」という構造は絶対ではないですね。そもそも大学に進まない選択肢をとる男子も多い。そういうところに住んでいると、ジェンダーの問題は地域格差と比較してそこまで大きい問題なの？　という考え方も成り立つのではないかと思うんだけど。

村上　地域格差の問題は、書いているときはあまり頭に入っていなかったです。地域格差の問題は小さな問題ではないですし、それはインフラの問題に依存しているのではないかと思います。例えば、北海道内の大学の数が少ないとか。インフラ面で解決する問題もあるのかなと思います。ジェンダーの問題は価値観に依存している問題なんです。地域格差はひとつの問題として取り組むべきだと思いますが、だからといって、ジェンダーの問題が相対的に小さい、というわけではないと考えています。

小園 次に具体的なところで、社会活動をする上での「妊娠リスク」というのは、女性にだけあるものですが、それへの対応についてどう考えますか。

村上 行政であれば、育児をサポートするための仕組みを作ることが、まずあります。企業だったら、男性の育休取得を積極的に認めるだけでも違うと思います。

小園 育休は、誰もダメとは言わないけど、取る雰囲気がないですよね。制度として完備されていても、雰囲気がそうではないということで機会を失うというケースがありますね。

村上 だから、ジェンダーの問題は、本当に価値観の問題で、世代単位で変えていくことになると思います。5年、10年で変えるのは難しい。

8　教育社会学などで用いられる語で、明示されたカリキュラムとは異なり、様々な思考・行動様式などが、無意識のうちに教師や級友などから生徒に伝達されていく事象を指す。

社会の仕組みとぶつかったときに

前川　先日、ある新聞社の生活部の女性記者と話す機会がありました。女性記者は、生活部や学芸部に多い。これは、夜討ち朝駆けの現場に、女性記者がかかわることが難しいとされていることも大きい。政治部や社会部は、男性、それも専業主婦の妻がいる男性が多いと聞きました。そうすると、新聞社のあり方自体が、既存のジェンダー構造を強化していないだろうか、と思うわけです。

小園　そうですね。自分の職場に女性はいますが、子育てしている人はごくまれ。要は、男性の独身と同様に働ける状況にあれば職場にいられるということ。

前川　そうすると、例えばシングルマザーで、新聞記者をやるというのは難しいということになるわけですね。

小園　そうですね。専業主婦の妻がいたとしても、大変なのに、いわばそうした「ハンディキャップ」を持つ人は、現実的には難しいでしょう、ということになりますね。

前川　シングルマザーであることが、「ハンディキャップ」になってしまうということを、まさに村上君は問題にしたいのだと思うんですね。つまり、専業主婦の妻がいる男性を基準に考えるから色々おかしいという……。

村上　高度成長の時代には、男女の性別役割分業が、きれいにまわっていたわけですよね。

小園　大企業は、それでうまくいってきたから、この問題について、なかなか動かないということになる。私は、この問題、理念的にはよく分かるけれども、例えば、後輩が妊娠したらどうしよう、とは思ってしまう。自分を含む職場の同僚の負担はどうなるのかと。雰囲気としても、いわばマタハラ（マタニティ・ハラスメント）的なことを考えてしまうことはありますよね。残念ながら……。男の価値観を是認できないと職場で生き残っていけないというのがあるんじゃないでしょうか。

ただ、新聞社のなかでも、生活部や学芸部は雰囲気が違いますし、ほかの部署や地方でも、子育てしながら一線で活躍している人も出てきています。職場の実態として考えると、誰かが子育てに入ったときに、他の人の負担が重くなるという仕組み自体を考えていかないと難しいかなと思います。日本全体の働き方の問題で、ここを変えて行かないとならない。世界的に見ても日本の労働生産性は低いと言われていますしね。そういう意味では、ジェンダーの問題って、色んな問題に派生していく問題だと思います。

ちょっと質問を換えますが、皆さんは自分自身について将来の家庭像をどう描いていますか。

比護　結婚するかどうかなんて、あまり考えたことがない……今のところは、したいとまで思わないですね。

吉富　あまり結婚とか考えたことはないですが、僕自身があまり稼ぎ手にならないかなと思っているので。

小園　どんな仕事をやりたいんですか。

吉富　できれば、大学に残りたいなと……。

小園　だから、ある年齢までは養ってもらいたいなと……。社会の仕組みとバッティングしたときにどうなるかな……。私は簡単に折れてしまった。私も学生の頃は、自分の妻は専業主婦じゃないと、とか全然思っていなかったけれども、実際にこの仕事をやり出すと、妻が専業主婦じゃないと持たないよねと思っている。育休もとらなかったしね。

　要は、社会全体に余裕がないといけないですよね。日本は資源がない国だから、効率的に働かないと国自体がダメにならないでしょうか。上野さんも、大企業がつぶれたらおしまいと言っているわけですよね。その辺どう思いますか。

村上　はっきりと見通せているわけではないですが、今の日本はあまりにひどいと思います。例えば、タイなどと比べても、会社の重役に女性がつけない割合というのは、「病的」と言える。資源の有る・無しにかかわらず、もっとましな程度までは変えられると思います。外国のデー夕をもっと丁寧に見ていけば、分かってくると思います。日本は、本当に病んでいる。グラフとか見ていると、日本だけが、がくっと下がっているんですよ。

小園　それは重要ですね。「病的」というのは、私もそういう感じがします。

受験勉強は必要

小園　次は、吉富君の記事ですね。これについては、吉富君のなかで結論が見えているようなので、結論ではなく、その周辺的なところについて聞いていきたいと思います。まず、高校3年生はどうしたらいいのでしょうかね。受験に専念するという考え方もあるし、他の色んなことを学ぶことも大切だという先生もいる。

吉富　今の僕なら、受験ですね。

小園　それはなぜですか。色んなことをやって栄養にするということもありだと思うけれども。

吉富　自分の話をするならば、今は、東京大学に行きたい。その土俵に上がってしまった以上やはりやらないといけないと思う。受験はそれなりに楽しいところでもあるので、それが自分には合っていると思っています。

小園　この本を作るということでは、思いっきり今、受験以外のこともやっていますが……(笑)。他の人はどうですか。

比護　こうしたらいい、と考えてきたというよりは、結果として受験勉強もしてきているし、受験以外のことも今までやってきているという状況ですが、それに満足はしています。

村上　高校3年生にもなったら、自分の人生を切り開くために、何かに集中するということがあってもいいのかなと思います。自分の周囲を見ると、推薦入試のために色んな人脈を作っている人たちもいる。大学に行くという将来を描いているのであれば、受験に集中するということも必要だと思います。

「ゆとり教育」は失敗だったのか？

吉富　「教育がこうあるべきだ」というよりも、僕たち学生はどのように与えられた教育に向き合えるのか、というのがこの記事のメインです。良い大学を出ている人を採用するという仕組みについては、本田由紀さんが反論していて、僕もこの考え方には賛成しています。まず点数順に並べられていて、上位にいる人たちは何でもできるが、下位にいる人たちは何もできない、というのが社会の通念としてあって、それが普通科の前提になっている。さらに、そのシステムが困難校や進学校という格差を生んでいる。そのことが、職に就けない高校生を多く産んでしまっている。そういうご意見に納得したんです。

記事にはしなかったんですが、本校の倉石寛先生から、千葉に学問に特化した高校があるという話を聞きました。そこでは、自分の好きな本ばかり読むことができて、すごく専門的なこと、例えば、江戸時代の歴史とか、大学でやるような専門的な内容を高校生段階でやっているというのを聞いて、うらやましいなと思ったことがありました。

小園　でも、高校生は自分が何をやりたいのか分かっているのかな。私は、今でも何がやりたいのか分かっていないようなところがあるんだけど……。

吉富　僕自身も、中学と高校とでやりたいことは大きく変わりました。中学のときは、むしろ理系が好きだった。ただ、中学でやったことが今生きているし、何かひとつやること、経験することはその先のことに意味があるのかな、と。そんなに先を限定するものではないと思いますし。

小園　それだったら普通科のほうがいいということにならないですか。色んなことができるじゃないですか。

吉富　色々というか、自分のなかにひとつの依りどころを持つというか、視点を持つというか、そういうイメージです。普通科では、何か漠然としている感じがある。結果として残るのは、成績だけというところは大きな違いがあるかなと思います。

小園　なるほど。このテーマも、昔と今とで変化しているということですかね。高度成長期は、普通科が成功に結びついていたという。

吉富　それはそうだと思います。寺脇さんは、高度成長期には、受験競争や成績競争に大きな意味があったと言っています。それを抜けて、違う時期に来ていると。それがゆとり教育の導入に大きな意味があった点だと思います。今は、時代に対応した色んなかたちがありうると思っています。友達が海外進学するという話も聞きますが、東大に行くだけではなく色んなかたちがありうる。

小園　みなさんは、そのゆとり教育の最後の世代になるんですね。

吉富　はい、最後の世代にあたります。

小園　ゆとり教育は、失敗だったんですかね。

吉富　結果として、成績が下がった。つまり国際的な学力調査ＰＩＳＡ[注9]で、数字として表れた。一方で、数字には表れないけれども、違う発想も生まれた。例えば、先ほど出て来たような日本は効率だけで動かすという考え方に違和感を覚えるような発想が出てきたのではないかなと。ただ、この結果を失敗か成功か判断するのは、それこそどの教育理念に依るのか、教育理念がよいのかそうでないのか、そこで分かれてくるのだと思います。

小園　そうすると、失敗だと言われるのは、従来的な理念に依っているからだと。新しい理念に依れば、成功とも言えるかもしれないということですね。

吉富　はい。ただ、具体的な政策がそこから先になかったというのが課題だと思います。

9　ＰＩＳＡとはＯＥＣＤ（経済協力開発機構）による国際的な生徒の学習到達度調査のこと。２０００年から３年ごとに実施されている。２００３年実施の調査（２００４年結果発表）において、日本の順位が「数学的応用力」で1位から6位へ、「読解力」で8位から14位へと下落したことは国内で大きく報じられ、「脱ゆとり教育」政策へ転換すべきだとの議論を後押ししたと言われている。

「ゆとり教育」後の教育はどこへ？

小園　それから、地方によって生きる感覚の違いということもあると思います。そもそも「ゆとり教育」がダメなことなのかどうか、どこかが解決すべきことなんでしょうか。

吉富　「ゆとり教育」に関しては、例えば「生きる力」といったスローガンが、あいまいすぎてうまく政策に結び付かなかった。地方と都市で教育が違うということについては、確かに生まれた地域の教育によって将来の可能性が大きく限定されるというのは間違っているように思います。教育において平等であることは重要なことだと思ってます。

小園　これは、私が個人的に考えていることでもあって、北海道の子どもたちにもっとチャンスを与えたいなと。それは側面的に民間でやらなきゃいけないなと思っているんですよ。だから、この問題は大事だなと思っているんです。

それから、教育方針が違うことについて、吉富君は統一化したほうがいいと思っているんでしょうか。

吉富　さっき言った「平等」というのとはちょっと違う見方もできるかもしれない。さっきは自分の経験を振り返って、今と同じ教育をまた受けたいと思っているから統一したほうがいいというようなニュアンスになっていました。でも、そもそも「教育格差」と言われているものは、偏差値などといった画一的な基準をとった上で、都市のほうが、より高いレベルの教育が受けられると考えるもの。そういう土俵から降りてしまうというのはありだと思う。また本田先生から教えて頂いたことですけれども、コミックで『銀の匙』(小学館・少年サンデーコミックス)ってありますよね、あれは北海道の学校がモデルですよね。ああいう教育が、職業教育としてはありだというお話でした。統一されたレベルのなかで、高いほうを目指すのではないということです。

小園　でも、両方あったほうがいいという感じがするわけですよね。

吉富　そうです。

小園　片方だけでは、可能性が削がれてしまう人もいるかもしれない。キャリア教育[注10]について、うまくいっているところと、そうでないところとあるようですが、どういう印象を持っていますか。

吉富　あまりいいものではないかなと思っています。僕自身はあまり受けていないですし。

前川　灘校の場合は「土曜講座」を、キャリア教育の一種として捉えている部分もあります。いわゆる職場体験的なものだけではなく、多種多様な職業や学問に触れることも、将来の進路選択においては重要なのではないか、という視点です。

吉富　そういう方向性であれば、いいと思います。どこかに行って、数日現場を見たとしても、それよりも多角的な観点からお話を伺ったほうが見えるものがある。

小園　実際には、受け止める生徒の感性にもよるでしょうね。手を動かしたほうがいいという人もいるのではないでしょうか。

吉富　僕の妹は楽しいと言っていましたね。

小園　そのうえで、灘校の教育はどう思いますか。3人に聞きたいのですが。

村上　教育のあり方について、先生共通のポリシーはあまりないかなと思っています。ひたすら受験に特化している先生もいれば、受験勉強は自分でやってね、という先生もいる。それが、いいかどうか分からないですが、僕には合っているなとは思っています。

比護　僕自身はこれまでの教育に満足しています。受験に関係するところと、そうでないところのバランスがとれている。自分の性格や能力に合っていると思っています。灘での教育については、村上君と同じ感想を持っていて、バランスがとれているかなと。

小園　不満はないんですか。

比護　うーん、あまりにもバラバラなのはどうなの？　とか、先生が熱心なのかどうか分からないと中学の頃に思ったこともありましたね。でも、慣れてしまったかな……。灘のようなかたちもあれば、そうでないかたちもあっていいと思います。

吉富　先生たちが、日本一の高校だということで、中学1年生から学生にエリート意識を求めるというところがある。それで高校3年生になると、色んなベクトルでその結果は出ているなと感じています。ただ、多様な教育と言いながら、与えられたなかでの多様だな、とは思っています。色んなベクトルを向いていると言っても、結局は同じ平面上にいる。6年間もいると洗脳を受けるというか……。例えば、今回の本の各記事のテーマの選択を見ても、前川先生の影響は否めないなと（笑）。ただ、そういう環境を、僕はいいなと思っています。

理想を言えば、もっと学術的なことを身につける場があったらいいな、受けてみたかったな、ということは思っています。

小園 受験科目を勉強する以外に、ということ？

吉富 はい。僕の場合には、ジェンダー論とか民主主義論とかをもっと深めてみたかったので。

10　文部科学省ウェブサイトでは、キャリア教育について次のように述べられている。「今、子どもたちには、将来、社会的・職業的に自立し、社会の中で自分の役割を果たしながら、自分らしい生き方を実現するための力が求められています。／この視点に立って日々の教育活動を展開することこそが、キャリア教育の実践の姿です。／学校の特色や地域の実情を踏まえつつ、子どもたちの発達の段階にふさわしいキャリア教育をそれぞれの学校で推進・充実させましょう。」http://www.mext.go.jp/a_menu/shotou/career/（／は改行を示す。）

ひとつのテーマを突き詰めることの価値

前川 最後に、小園さんから、学校新聞に情熱を傾ける3人、そしてその後輩たちへのメッセージも含めて、今日のまとめとしてお話していただけますか。

小園　私は、いわゆる遊軍という立場で働いています。つまり、何かあれば、走って行って取材する。いわば瞬発力を求められるところにいる。でも、そのなかで、私は、再生可能エネルギーというテーマを持っています。小学生くらいから興味がありましたが、具体的には記者2年目の頃から色々取材して、勉強できた経験があります。

実は、ひとつのテーマを持つこと、それを追いかけられることは、新聞記者のなかでは極めて少ないことなんです。それよりは、日々のニュースを追いかけることが偉いというところがある。だから、ひとつのテーマを追いかけられることの貴重さ、ありがたさは感じるところです。

そういう経験を踏まえて、今回3人の原稿を読ませてもらって、それぞれ特徴が違っていておもしろかったんですよ。大きく構えるところから始まる原稿もあれば、自分の内発的なところから始まったり、自分なりの理論をまとめられているものもあったり。

取材したり調べていくと、ひとつのドアを開けると、その先にふたつ目のドアがあって、さらに次のドアがあって……と、調べれば調べるほどに、自分の結論がますます分からなくなっていく過程があったはずなんです。私たちも、実は、調べるほど書けなくなるというところがあるんですよ。1日か2日取材して、半分くらい分かって書くのが評価もされますが、そうではなくて、ひとつのことをつきつめて、自分のなかの弱点を発見したり、自分の根源的な何かを発見できることがあるんですね。皆さん、これからどんな仕事についたとしても、ひとつのことを突き詰めていくといいのではないかなと思います。

学校新聞という媒体について。私が新聞委員をやっていた18年前の話に遡るんですが、灘校新聞を楽しみにしている学校外の読者がいました。自分の学校内に向けているはずが、市井のおじさんが読んでおもしろいと思ってくれた。ひとつのテーマを突き詰めていくことは、自分のジェネラルな何かにつながるんです。学校新聞という枠で、読者は灘校のなかだけれども、他に価値が産まれていく。狭いものをやっていくことが、ジェネラルな価値を産んでいくことがあるということを、皆さんにも、これから灘校新聞を引き継ぐ後輩の人たちにも知って欲しいと思います。

（２０１３年10月20日、灘校会議室にて）

この本について

この本は灘校新聞委員会に所属する高校生記者3人が、それぞれ関心あるテーマを決めて取材し、執筆したものです。テーマの設定や取材の申込み（アポ取り）に始まり、インタビュー、文字起こし、全体の構成の組み立て、そして執筆・校正と、全てを高校生たちだけで行いました。私たちは新聞委員会の顧問を務めていますが、やったことと言えば、彼らが執筆した原稿を見て簡単な感想を述べただけです。

本書の企画は、ある偶然から始まりました。この本の執筆者の一人でもある新聞委員が校外で取材していた際、現代人文社編集部の桑山亜也さんが偶然その場におられ、様子をご覧になっていたのです。社会問題について自分の足で調べようとする高校生記者、そしてその問いかけを真摯に受け止め、なるべく平易な言葉を選びながら、熱をこめて説明する大人たち。この姿を1冊の本にできないか、という桑山さんからのご提案に、高校生記者たちは躊躇せず「やりたいです！」と答えてくれました。

実際に取材を進めてみると、1冊の本を作り上げるまでに、想像以上の苦労があったようです。いくら校外取材は慣れているとは言え、この本で扱われる「原発と民主主義」「ジェンダー」

「教育」というテーマはどれも難問ぞろいで、明快な答えを示せるようなものではありません。章によっては、取材を進めていくにつれ、少しずつ記者の考えや問いの立て方そのものが変化しているものもあります。

読者の皆さんには、ぜひ高校生記者たちの悪戦苦闘の様子を追って頂きたいと考えています。なぜなら、ひとつの問題について多くの方の意見を聞き、考えを進め、新たな問題の存在に気づき、そしてさらに考えを深めていく……というのは、まさに社会問題について学び、考えるプロセスそのものだからです。高校生記者とともに、社会の諸問題について思考するプロセスを追っていけるという点で、この本はオリジナリティのある1冊になったのではと感じています。

私たちとしては、記者と同じ高校生や中学生の皆さんはもちろん、ぜひ多くの大人たちにもこの本を読んで頂きたい、と願っています。社会の諸問題について自分たちで調べ、学び、考える。それは言うまでもなく、民主主義社会において、全ての市民が責任を持って行わなければならないことです。とはいえ日々の生活の忙しさのなかで、私たち自身もふくめ、多くの大人たちが十分な時間を取れていないというのもまた事実でしょう。私たちは原稿を読みながら何度となく、高校生記者たちに叱咤激励されている気持ちになりました。「高校生がこれだけ考えているんだ、自分たち大人がしっかり考えないでどうするのだ」と。

高校生記者たちは、原発、ジェンダー、教育というテーマについて、「自分たち」の問題として取材を続けました。自分たちの社会のことは、自分たちで決める。民主主義、市民社会の大原則を、3人の高校生記者から教えられた気分です。

最後になりましたが、多くの方のご協力がなければ、この本は完成しませんでした。高校生からの突然のお願いにもかかわらず、取材をご快諾くださり、熱意を込めてインタビューに応えて下さった皆さん。第2章の座談会に参加してくださった高校生の皆さん。そして、第2部の座談会のために、北海道から神戸へ駆けつけてくださった小園拓志さん。本当にありがとうございました。心より、御礼申し上げます。

また、編集にあたっては、現代人文社の桑山亜也さんに多大なるお手数をお掛けいたしました。高校生だけで1冊の本を上梓するという前代未聞の企画は、桑山さんという素晴らしい伴走者がいらっしゃったからこそ実現できたことです。厚く御礼申し上げます。

2014年3月

灘校新聞委員会　顧問　前川直哉
中嶋謙昌

[著者について] 灘校新聞委員会（なだこうしんぶんいいんかい）
兵庫県神戸市の私立灘中・高の新聞委員会。主に、定期的に発行される「灘校新聞」で、生徒会についての情報のほか、行事の案内やクラブの戦績など様々な情報を生徒に提供している。OB へのインタビューや、学校教育に関するテーマなど、校外への取材も多い。その他にも、他校の新聞部との交流も行っている。
※執筆者全ての所属・肩書きは、執筆当時（2014 年 3 月）のものです。

高校生記者《こうこうせいきしゃ》が見《み》た、
原発《げんぱつ》・ジェンダー・ゆとり教育《きょういく》

2014年6月12日　第1版第1刷発行

著　者　灘校新聞委員会
発行人　成澤壽信
編集人　桑山亜也
発行所　株式会社 現代人文社
〒160-0004 東京都新宿区四谷2-10 八ッ橋ビル 7 階
Tel 03-5379-0307（代）　Fax 03-5379-5388
E-mail henshu@genjin.jp（編集）　hanbai@genjin.jp（販売）
Web http://www.genjin.jp
郵便振替口座　00130-3-52366
発売所　株式会社 大学図書
印刷所　シナノ書籍印刷株式会社
ブックデザイン　Nakaguro Graph（黒瀬章夫）

検印省略　Printed in JAPAN
ISBN 978-4-87798-580-6 C1036